"十二五"国家重点图书出版规划项目

中国传统民居形态研究

周立军 陈 烨 著

哈尔滨工业大学出版社

内容简介

本书从地理学的视角出发,引入自然地理学和人文地理学的概念和理论,对中国传统民居形态进行解析,挖掘传统民居形态特征与自然环境和文化环境的相互关联、相互交融的表征及其内在原因,研究传统民居形态差异性的根源,探索各地传统民居形态的千差万别,归纳其共性,把中国传统民居建筑从概念、类型、演变到形态生成特征归纳出一个完整的体系,有一定的理论价值,对当代地域性建筑的创作具有一定的启发性。

本书可作为相关专业研究和设计人员进行传统民居保护与更新研究的参考资料,也可作为高校相关专业传统民居专题课程的教材。

图书在版编目(CIP)数据

中国传统民居形态研究/周立军,陈烨著. —哈尔滨:哈尔滨工业大学出版社,2017.10

ISBN 978 - 7 - 5603 - 6737 - 8

Ⅰ.①中… Ⅱ.①周…②陈… Ⅲ.①民居-研究-中国 Ⅳ.①TU241.5

中国版本图书馆 CIP 数据核字(2017)第 147368 号

策划编辑 贾学斌 王桂芝
责任编辑 苗金英 宗 敏
出版发行 哈尔滨工业大学出版社
社 址 哈尔滨市南岗区复华四道街 10 号 邮编 150006
传 真 0451 - 86414749
网 址 http://hitpress.hit.edu.cn
印 刷 哈尔滨市工大节能印刷厂
开 本 787mm×1092mm 1/16 印张 12.5 字数 235 千字
版 次 2017 年 10 月第 1 版 2017 年 10 月第 1 次印刷
书 号 ISBN 978 - 7 - 5603 - 6737 - 8
定 价 48.00 元

前　言

中国历史悠久,疆域辽阔,自然环境多种多样,社会文化环境亦不尽相同。在漫长的历史发展过程中,逐步形成了各地形态不同的传统民居建筑形式。那么,如何系统地梳理中国传统民居形态的外部表征和内在原因及其相互关系,是一个值得思考的问题。

1989 年,笔者在东南大学读研究生时,就尝试运用地理学的理论和概念,来找到传统民居形态与地理环境要素之间的关联。在王文卿先生的指导下笔者完成了《中国传统民居构筑形态的自然区划》的硕士学位论文,而后笔者的师弟陈烨又完成了《中国传统民居的人文背景区划》的硕士学位论文,这两篇论文的部分章节经整理后,分别发表在《建筑学报》1992年第 4 期和 1994 年第 7 期。笔者在撰写论文时得到东南大学钟训正先生、孙钟阳先生的指导,也得到东南大学张致中先生的热情鼓励,同时哈尔滨工业大学侯幼彬先生也提出了许多宝贵的意见。本书基本上是以这两篇硕士论文为基本框架来深化完成的。

笔者一直在中国传统民居领域从事研究,参加由中国民族建筑研究会民居建筑专业委员会主办的民居学术会议,对各地民居进行了大量的实地调研,不断收集资料充实和印证了论文的一些观点。虽然自觉对中国传统民居做全面的形态解析和系统分类还是件十分困难的事,但将多年的研究成果整理成书,对在当今农村建设的大潮中,如何正确理解传统民居的形态内涵,更好地对传统民居进行保护与传承还是十分有借鉴价值的。同时,笔者也希望以此书为引,在中国传统民居的区划研究领域能够起到一点引领作用,推动在此领域的研究能更深一步,逐步形成中国传统民居区划理论研究体系,从这一角度对中国传统民居做一定的形态解析和分类,也为后人在此领域的研究提供一种新的思路。本书的部分研究成果是在国家十二五科技支撑计划课题("传统村落保护规划与技术传承关键技术研究"2014BAL06B04)资助下完成的。

近十年来笔者在哈尔滨工业大学申请开设了硕士研究生课程"中国传统民居形态概论",经过多年的讲授,不断地对教案内容进行了思考和完善,同时与东南大学陈烨老师商量,将共同的成果撰写成书,可以作为高校相关专业传统民居专题课的教材和参考资料,方便学生的学习和使用。笔者于 2013 年便开始着手撰写此书,期间笔者的研究生马思、汤璐、刘晓丹和王蕾等为本书的撰写做了大量的工作,在此对他们的辛苦付出表示感谢。此外还要感谢黑龙江省精品图书出版工程和哈尔滨工业大学出版社给予本书的支持,使多年的夙愿得以实现,也期盼得到广大同仁学者的指正。

周立军

2017 年 3 月

哈尔滨

目　　录

第一章 绪 论

第一节 概 念

一、传统民居的相关概念

1. 定义

（1）传统。

传统指由历史沿袭而来的思想观念、道德文化、风俗习惯、艺术风格、建筑风格、技艺做法以及行为方式等，是前人社会经验与共识的传承。

（2）民居。

"民居"一词，最早来自《周礼》，是相对于皇居而言的，统指皇帝以外庶民百姓的住宅，其中也包括达官贵人的府第园宅。《礼记·王制》："凡居民，量地以制邑，度地以居民。地邑民居，必参相得也。"《管子·小匡》："民居定矣，事已成矣。"《东周列国志》第十一回："今东郊被宋兵残破，民居未復。"北魏郦道元《水经注·泗水》："左右民居，识其将漏，预以木为曲狱，约障穴口，鱼鳖暴鳞不可胜载矣。"《新唐书·五行志一》："开成二年六月，徐州火，延烧民居三百馀家。"《明史·五行志一》："番禺、南海风雷大作，飞雹交下，坏民居万馀。"20 世纪 40 年代，中国建筑史学家刘敦桢第一次把民居建筑作为一种类型提出来。顾名思义，民居是指官署、宫殿以外的民用建筑，它包括有建筑学特色的、有地域特征的和有历史文化背景的建筑，如农村中的祠堂、庙宇、书塾、戏台、牌坊等和城镇中的酒楼、医馆、药铺、客栈、钱庄等。

（3）传统民居。

传统民居指按历史沿传的风格和做法营造的民间住宅，是相对于官方建筑和清末洋务运动以来，从西方引入的西式住宅而言的。

（4）传统民居的时间界定。

20 世纪 50 年代以前，中国各地的民居都是沿着自己的历史传统逐步发展的，60 年代开始，受意识观念改变、木材资源匮乏等因素的影响，传统民居的发展有所停滞，本书研究的传统民居的时间可界定于 20 世纪中期之前。本书研究的传统民居是指传统建筑匠师（南方很多地方称之为"老司")沿用传统技艺建造的民居建筑。

2. 民居称谓的演变

中国木构架体系的房屋萌芽于新石器时代后期,公元前5000年的浙江省余姚河姆渡遗址中的建筑遗迹反映出当时的木构技术水平,形成了南方地区干阑式住屋的基本原型,而洞房(即洞穴式住房)也是北方地区传统民居的一种称谓。中国中西部的陕西省西安半坡遗址和河南渑池遗址则显示了当时的村落布局和建筑情况,表明依南北向轴线、以房屋围成院落的中国建筑布局方式已经萌芽。

在先秦时代的中国,帝居或民舍都称为宫室。从秦汉起,宫室才专指帝王居所,而第宅则专指贵族的住宅。汉代规定列侯公卿食禄万户以上、门当大道的住宅称为第,食禄不满万户、出入里门的称为舍。

近代则将除宫殿、官署和寺观以外的居住建筑,受气候、土质、地形、民族文化和生产力水平等诸多自然和人文因素的影响,带有明显的地方特色的建筑称为民居。

3. 相关概念

(1)聚落。

聚落(Settlement)是人类聚居和生活的场所。人们集中地居住在一起,就形成了聚落。从规模上看,聚落有大有小,大到人口上千万的巨型都市,小到只有几十个人的村庄。聚落环境是人类有意识开发利用和改造自然而创造出来的生存环境,是人类各种形式的聚居地环境的总称。"聚落"一词在中国古代指村落,《汉书·沟洫志》中记载:"或久无害,稍筑室宅,遂成聚落";在近代泛指一切居民点。聚落是聚落地理学的研究对象,包括城市和乡村。聚落的主要形式分为城市聚落和乡村聚落,它们具有不同的景观特色。聚落研究注重空间环境与人的关系以及相关人类文化学等。

城市聚落(Urban Settlements)是以非农业人口为主的聚落(图1.1)。其规模大于乡村和集镇,是以非农业活动和非农业人口为主的聚落。城市一般人口数量大、密度高、职业和需求异质性强,是一定地域范围内的政治、经济和文化中心。

一般来说,城市聚落具有大片的住宅、密集的道路、工厂等生产性设施,以及较多的商店、医院、学校、影剧院等附属设施。

乡村聚落(Rural Settlements)是以农业人口为主的聚落(图1.2)。乡村聚落中聚集着以农业为主要经济活动形式的居民。在农区或林区,村落通常是固定的;在牧区,定居聚落、季节性聚落和游牧的帐幕聚落兼而有之;在渔业区,还有以舟为居室的船户村。

一般来说,乡村聚落具有农舍、牲畜棚圈、仓库、场院、道路、水渠和宅旁绿地,以及特定

图 1.1 城市聚落

图 1.2 乡村聚落

环境和专业化生产条件下的附属设施。小村落一般无服务职能,中心村落则有小商店、小医疗诊所、邮局、学校等生活服务和文化设施。随着现代城市化的发展,在城市郊区还出现了城市化村这种类似于城市的乡村聚落。

(2)乡土建筑。

乡土建筑(Vernacular Architecture)是指民间自发建造的传统风土建筑,具有浓厚的民间乡村农家小院气息,其主要特点在于自发性和朴素性。通俗地讲,乡土建筑就是乡村里的、土生土长的传统建筑,它们通常是存在于乡土社会中、与生产生活相关的建筑。乡土建筑类型众多,除了有单纯的住宅外,还有寺庙、祠堂、书院、商铺、作坊、牌坊、小桥等。

"乡土"一词来自拉丁语,意为国内的或者本土的。乡土建筑既是一个物质实体,也是一种文化历程。它被当地的使用者自行设计并建造,与当地资源、文脉、生活方式息息相关。目前常用来描述乡土建筑的词语众多,如本土建筑、自发建筑、民间建筑、传统建筑、乡村建筑等,都是从其性质上进行描述的。

国际古迹遗址理事会(ICOMOS)1999 年在墨西哥通过的《关于乡土建筑遗产的宪章》中指出:"乡土建筑遗产在人类的情感和自豪中占有重要地位。它已经被公认为是有特征的和有魅力的社会产物……它是一个社会文化的基本表现,是社会和它所处地区关系的基本表现,同时也是世界文化多样性的表现。"

《乡土建筑遗产宪章》给出了乡土建筑的识别标准。

①一个群体共享的建筑方式。

②一种和环境相呼应的、可识别的地方或地区特色。

③风格、形式与外观的连贯性,或者对传统建筑类型的使用之间的统一。

④通过非正式途径传承的设计与建造的传统工艺。

⑤因地制宜,对功能和社会的限制所做出的有效反应。

⑥对传统建造系统与工艺的有效应用。

新乡土建筑,是通过对当地文化的关注与追求,达到植根于当地技术和地形条件,整合而又现代的建筑形式(图1.3~1.5)。新乡土建筑与乡土建筑本质上的不同在于是否有建筑师的介入。

图1.3 宁波博物馆(王澍)

图1.4 新疆国际大巴扎项目(王小东)

图 1.5 特杰堡文化中心（伦佐·皮亚诺）

二、形态的相关概念

（1）形态（Form）。

形态即形状和神态，指事物存在的样貌，或在一定条件下的表现形式。事物的形态包括形式和结构两层含义。

（2）形态学（Morphology）。

形态学最初是生物学的一门分支学科，专门研究植物和动物的形式与结构，微生物亦包含其中，之后形成一门独立的学科，它与几何学、力学、运动学和材料学相关，体现了科学的理性。

（3）建筑形态学（Architectural Morphology）。

建筑形态学是一门从建筑本体角度出发，研究建筑形式要素、结构及整体形态的学科，主要研究建筑形式的发生、发展及演变的内在动因和规律。

第二节 民居的分类

中国传统民居因我国地域辽阔、民族众多、历史悠久而表现出异常繁杂的类型。为了更好地把握其主要特征与优秀传统，以便在现代建筑创作中加以消化利用和继承发展，有必要对现存传统民居的繁杂类型全面地进行调查分析，并适当地进行归纳。

由于区分传统民居的标准较多，如依外部形式、建筑材料、结构方法、地理气候、地形地貌、居住方式、民族宗教等，因此，民居的分类方法也多种多样，主要有以下几种：

（1）梁思成在《中国建筑史》一书中,按地区将民居分为华北及东北区民居、晋豫陕北的穴居区民居、江南区和云南区民居。

（2）刘敦桢在《中国住宅概说》一书中,按平面外形将民居划分为圆形民居、横长方形民居、纵长方形民居、曲尺形民居、三合院、四合院、三合院与四合院混合体以及环形与窑洞式民居等。

（3）刘致平在《中国建筑简史》一书中将民居划分为穴居、干栏式民居、宫室式民居、碉房式民居、阿以旺住宅、蒙古包、井干式民居等。

（4）陆元鼎综合人文背景及地区自然条件,将民居划分为院落式民居、窑洞式民居、毡包、暖居、井干式民居、干栏式民居、游牧移动式民居等。

（5）陈从周在《中国民居》一书中,按空间形式及用材将民居划分为四合院、徽派民居、江南水乡民居、土楼、闽粤侨乡民居、吊脚楼、干栏式民居、石构民居、土坯平顶民居、窑洞式民居、毡包等。

（6）孙大章在《中国民居研究》中,按照自然科学中纲、目、科、属、种的分类方法,从建筑形制出发,将民居按照"类-式-型"分级分类,在"类"层面上将民居分为庭院类民居、单幢类民居、集居类民居、移居类民居、密集类民居和特殊类民居。

如上所述,几代民居专家对民居的分类均有不同的标准和方法,这里按照孙大章的民居分类方法对传统民居进行系统分类,见表1.1。

表1.1　中国传统民居的分类

分类	形式	特点	地区	适应气候	代表建筑
庭院类民居	合院式	方形或矩形院落,围合建筑相分离或以走廊相连	北京、陕西、吉林、山西等	冬夏差异明显,冬季冷,雨量少,风沙大	北京四合院、陕西关中民居
	厅井式	方形院落,围合建筑相互连属,屋面搭接形成天井	浙江、皖南、江西、湘西等	夏季炎热,空气潮湿,多雨,阳光充足	浙江东阳民居、皖南徽州民居、江西抚河民居
	融合式	融合了合院式与厅井式的特点。天井不大,但也有一定规模,院落周围的房屋有的搭接在一起,有的独立成幢	江苏、湖北、川中、云南等	夏季炎热,冬季气温有时也达到零下	苏州民居、湖北民居、川中民居,以及大理白族民居、丽江纳西族民居等

续表1.1

分类	形式	特点	地区	适应气候	代表建筑
单幢类民居	干栏式	为了通风、防潮、防盗、防兽而采用的一种下部架空的住宅形式	广西、云南等	炎热,潮湿,多雨	广西壮族民居、云南傣族民居、云南德昂族民居
	窑洞式	在黄土断崖处挖掘的横向穴洞	陕北、新疆等	炎热,少雨	陕北民居、新疆吐鲁番土拱民居
	碉房式	以石墙和土坯砌筑外墙,屋顶为平顶的形制,远望如碉堡	青海、甘肃、四川、西藏等	高海拔,空气稀薄,阳光充足	藏族碉房
	井干式	以原木垒叠,直角交搭组成四周墙壁	大小兴安岭地区、吉林、云南西北部等	气候寒冷	云南纳西族井干木楞房、独龙族井干式民居
	木拱架式	特殊木构架形式	四川凉山彝族地区	冬暖夏凉	四川凉山彝族地区木拱架式民居
	下沉式	民居一半沉于地下,屋顶降低,减少风压	台湾地区	夏秋常有飓风	台湾高山族民居
集居类民居	土楼式	有圆形土楼、方形土楼以及五凤楼等式样	闽南永定、龙岩、上杭一带及赣南三南地区	湿润温和	圆形土楼、方形土楼、五凤楼
	围屋式	一种平房式的集居民居,以中轴对称形式居多,其平面多以三堂制为核心,没有高大的外墙,防御性不强	福建西南部、广西北部及广东等	夏季炎热	围拢屋
	行列式	有横列式与杠屋两种形制	粤北南雄始兴一带、粤东梅县	夏季炎热,多雨	粤东梅县杠屋

续表1.1

分类	形式	特点	地区	适应气候	代表建筑
移居类民居	—	规模小,质量轻,便于移动、运输、搭建	内蒙古等	气候寒冷,少雨	蒙古包、帐房、仙人柱、舟居等
密集类民居	—	采用扩大进深,联排接建,无任何场院的高密度形式,以最大限度地节约用地	浙江、闽粤等	夏季炎热,阳光充足	浙东纤堂屋、闽粤沿海的竹竿厝、闽南红砖厝等
特殊类民居	—	依照环境而定,由于一些特殊条件的影响而形成的民居形制,规模不大	广东、山东、福建等	夏季炎热	水上人家的番禺水棚,临崖构筑的吊脚楼,广东开平、台山一带由归国华侨所建的带有洋风的庐居,山东荣成沿海的海草房,福建惠安的石头房等

一、庭院类民居

庭院类民居最大的特点是除了有居住的建筑以外,尚有一个或几个家庭私用的院落,由于中国传统思想的影响,这类院落皆为向内院落。平面上的对称和外观上的封闭是庭院类民居的基本特征。庭院类民居既与中国传统的宗教礼法有关,又符合中国的民情。正因为如此,这种形式成为历史最悠久、使用也最多的一种民居形式。庭院类民居形制具有极大的灵活性,可以有单间、单幢、复杂的多进院落及多条轴线的、各种规模的组合群体,以适应多种人口结构组成家庭的使用需要。个别地区还将庭院类民居的主屋建成二至三层,以增加空间功能的变通性。三进四进中国庭院类民居的院落大小与纬度变化成正比,这种状况的形成与太阳直射的高度角有关。根据院落的大小,此类民居在具体的形制上又可以分为3种形式:合院式、厅井式和融合式。

(1)合院式。

它的形制特征是:组成方形或矩形院落的各幢房屋是分离的,住屋之间以走廊相连或者不相连属。合院式民居规模较大,其主要特点是室内外空间相互独立,适用于冬夏差异明显,冬季冷、雨量少、风沙大的地区,如北京四合院(图1.6)、陕西关中民居、吉林满族民居、山西晋中民居等。

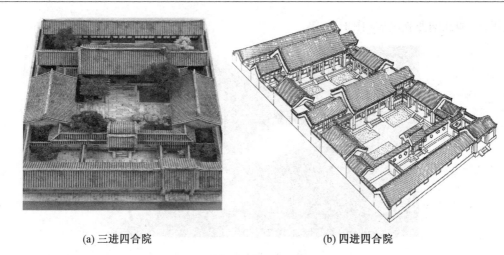

(a) 三进四合院　　　　　　　　　　　(b) 四进四合院

图 1.6　北京四合院

(2)厅井式。

它的形制特征是:组成方形院落的各幢住房相互连属,屋面搭接,紧紧包围着中间的庭院,以避免夏季阳光的直射。院落房屋檐口相连,形似井口,故又称为天井。敞口的厅成为家庭主要的活动空间,如浙江东阳民居、皖南徽州民居、江西抚河民居、湘西民居、福州民居、云南一颗印民居等。

(3)融合式。

位于长江流域的江、浙、皖、鄂、川诸省的地理位置介于南北方之间,夏季炎热,冬季气温有时也达到零下。这些地方的民居形制融合了合院式与厅井式的特点,表现为:天井不大,但也有一定规模;院落周围的房屋有的搭接在一起,有的独立成幢;既有院落也有半室外的空间。其中的半室外空间可以是敞厅,可以是在厅前加设的花罩或可拆卸的隔扇门,也可以是采用深前廊的方法形成的外廊,如苏州民居(图1.7)、湖北民居(图1.8)、川中民居、大理

图 1.7　苏州民居

白族民居、丽江纳西族民居(图1.9)等。

图1.8　湖北民居

图1.9　丽江纳西族民居

二、单幢类民居

单幢类民居是将生活起居的各类功能融合在一幢单体建筑内,各种功能,诸如待客、休息、用餐、仓储等都在单幢的建筑内完成。这种形制适用于人员数量少的小家庭结构,子女在成年婚嫁后均分居独住。这种生活方式不需要建造像庭院类民居那样的建筑组群。这类建筑分布地域较广,由于各地气候、地方建筑材料以及相应的结构方式不同,单幢类民居在具体形制上可分为干栏式、窑洞式、碉房式、井干式、木拱架式、下沉式等。

(1)干栏式。

干栏式是由于所处地区炎热,且潮湿多雨,为了通风、防潮、防盗、防兽而采用的一种下部架空的住宅形式。这种建筑形式适合潮湿多雨的地区,如广西、云南等,这些地区温湿多雨,森林茂密,属于亚热带季风性气候。这些地区由于地理位置极为偏僻,加上地势险要,历史上长期交通不便,故受外来因素影响不大,所以民居依然保持着它们各自民族的特色(图1.10~1.13)。

图 1.10　广西壮族民居

图 1.11　广西侗族民居

图 1.12　云南傣族民居

图 1.13　云南德昂族民居

（2）窑洞式。

窑洞式是在黄土断崖处挖掘横向穴洞的一种民居形式，古代称之为"穴居"。窑洞式民居有以下几种形制：

①靠崖窑，即在黄土断崖壁上挖出的横穴。

②平地窑，即在平地挖一个 4～5 m 深的窑院，在窑院四壁再挖横穴。

③锢窑，即仿窑洞形式，在平地上起拱发券造的房屋。

在北方少雨的黄土高原地区，窑洞民居因其具有施工简便、造价低廉、冬暖夏凉等优点而被当地居民广泛使用。由于是在黄土中开凿出的居住空间，所以它没有一般民居那样优美的外在轮廓，所呈现出来的艺术风格在于其内部空间的巧妙性构成。窑洞式民居主要集中在晋中、豫西、陇中、陕北等地（图 1.14）。

图 1.14　陕北民居

（3）碉房式。

碉房式是居住在青、甘、川、藏高原上的藏族所采用的民居形式。高原地区海拔高，空气稀薄，阳光充足。在雅鲁藏布江的中下游，土地肥沃，盛产木石。聚居在这里的藏民以从事农业生产为主,他们的住所多以乱石堆砌厚墙结合内部木质梁架共同建造而成。外墙为石墙和土坯,屋顶为平顶的形制,形似汉族的庭院式民居。藏族民居虽也形成院落,但却是将各种不同功能的房间安排在一栋3~5层不等的单体建筑之内,建筑外形下大上小,敦实稳重,平屋顶,立面开窗极少,外观封闭,远望如碉堡,故俗称碉房(图1.15)。

图 1.15　藏族碉房

(4)井干式。

井干式即以原木垒叠,直角交搭组成四周墙壁的房屋,因其类似古代的木制井栏而得名,是我国林区常采用的民居形式(图1.16)。利用原木垒叠建造房屋的技术在原始社会时期就已经被使用,由于使用材料的限制,现在只存在于森林茂密的山区,如大小兴安岭地区、吉林长白山地区、云南西北部山区等。

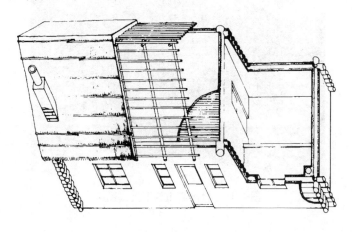

图 1.16　东北井干式民居

(5)木拱架式。

木拱架式是四川凉山彝族地区一种具有独特结构的民居形式。房屋结构形似南方的穿斗结构,但木柱并不落地,而是层层出挑,通过叠架而形成拱形,当地人称其为"圆挑起拱"。这种建筑形式在中国传统木构架结构中尚属罕见,其渊源尚无法证实。此类民居的装饰主要集中在前檐挑拱及室内的拱架上,装饰手法通常是在其上雕刻牛羊头、鸟兽及花果等(图1.17)。

图1.17 四川凉山彝族地区木拱架式民居

(6)下沉式。

下沉式是台湾高山族的民居形式。因为台湾地区经常出现飓风,因此民居形式为一半沉于地下,降低屋顶以减少风压(图1.18)。

图1.18 台湾高山族下沉式民居

三、集居类民居

集居类民居是一种大型民居,是指为防备盗寇或外人的侵扰、使宗族紧密联系、全族人居住在一起的居住组群,也可以说是古代的集合住宅。每幢住宅内居住着少则十余家、多则百余家的人口,这一居住组群不但有居住功能,还包括其他所有与家族相关的社会功能,如族祭、防御等。因此集居类民居本身就是一个封闭的小型社会。集居类民居在具体形制上可分为土楼式、围屋式和行列式 3 种。

(1)土楼式。

土楼是一种采用夯土墙和木梁柱共同承重的、多层的巨型居住建筑。其墙体基础部分使用大块卵石叠砌,空隙以小的卵石填塞,墙基在地上的部分高 2~3 m,上面则为夯土墙,夯土墙里面用竹片作筋以增强土墙的抗剪度,代表建筑有圆形土楼(图 1.19)、方形土楼(图 1.20)以及五凤楼(图 1.21)。此类民居流行地域多在闽南永定、龙岩、上杭一带及赣南三南地区。

图 1.19 圆形土楼

图 1.20 方形土楼

图 1.21 五凤楼

（2）围屋式。

围屋式是一种平房式的集居类民居形式，以中轴对称形式居多，其平面多以三堂制为核心（图1.22）。

图 1.22 围屋式民居

（3）行列式。

行列式有粤北南雄始兴一带的横列式和粤东梅县杠屋（图1.23）两种形制。

图 1.23 粤东梅县杠屋

四、移居类民居

移居类民居是某些以游猎、渔业为生的人群的住屋。由于此类人群生产方式的特点决定了他们必须随时迁移,于是就建造了这种规模小,便于移动、运输、搭建的民居,如蒙古包(图2.14)、帐房(图2.15)、仙人柱、舟居等。

图 1.24 蒙古包

图 1.25 帐房

五、密集类民居

密集类民居主要流行于一些人口密集、用地紧张的地区,此类民居常采用扩大进深、联排接建、无任何场院的高密度建造形式,以最大限度地节约用地,如浙东纤堂屋、闽粤沿海的竹竿厝、闽南红砖厝(图1.26)等。

图 1.26　闽南红砖厝

六、特殊类民居

特殊类民居是依照环境而定,由于一些特殊条件的影响而形成的民居形制,虽然规模不大,但也表现了民居适应自然环境的独特创造力,如水上人家的番禺水棚,临崖构筑的吊脚楼,广东开平、台山一带由归国华侨所建的带有洋风的庐居,如广东开平碉楼(图 1.27),山东荣成沿海的海草房,福建惠安的石头房等。

图 1.27　广东开平碉楼

第三节　民居的历史发展与演变

一、原始社会建筑

1. 旧石器时代先民的居住情况

在远古时代,人类和一切动物一样,为了自身的安全和繁衍生息,必须在大自然中寻找栖身庇护之所。经过了一场驱逐豺狼虎豹出洞穴、赶猩猿猛禽出密林的生存斗争后,出现了先民们最早的居住形式——天然穴居或巢居。

（1）天然穴居。

大自然造化雕凿出无数晶莹璀璨、奇异深幽的洞穴，为人类提供了最原始的家。《易·系辞》曰："上古穴居而野处"。

（2）巢居。

巢居（图1.28）产生于南方长江流域的水网地带，由于该区域河流众多、沼泽密布，因此地下水位很高，一般不可能采用挖洞的办法解决居住问题，处于这样地理条件下的先民，便凭借树木构巢来解决居住问题。

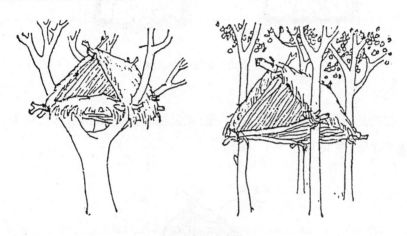

图1.28 巢居示例

2.新石器时代先民的居住情况

新石器时代，在生产工具的逐步改良和先民对自然认识的不断深化的背景下，这一时期的民居建筑类型发展迅速，大致可划分为穴居、半穴居、地面建筑和干栏式建筑4种。

（1）穴居。

穴居按照土穴的开掘制式，分为横穴和竖穴。

①横穴：多与由黄土形成的崖坡或沟壁相垂直，呈水平坑道状掘入（图1.29）。

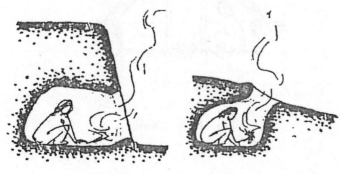

断崖上的横穴   坡地上的横穴（过渡形态）

图1.29 横穴示例

②竖穴:是一种自地面垂直下掘形成的穴居形式。在自然地形为缓坡或平地的地区,这种穴居形式曾被广泛使用(图1.30)。

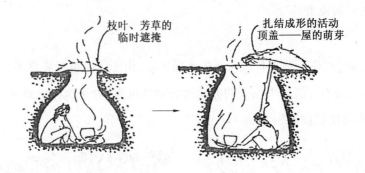

图1.30　袋形竖穴示例

(2)半穴居。

由于竖穴的居住面积太小,而且出入不便,先民在其基础上加以改进,成为一种新的居住形式,称为半穴居(图1.31)。

袋形半穴居

直壁半穴居

图1.31　半穴居示例

(3)地面建筑。

我国传统木构架建筑出现基本"定型"的式样,是这一时期建筑的最大特点。此时建筑的墙体与屋顶"分离"已十分明显,如西安半坡遗址(图1.32)。

图 1.32　西安半坡遗址

（4）干栏式建筑。

干栏式建筑的大木作（柱、梁）和小木作（栏杆）各构件间的结合，使用了多种形式的榫卯结构（图 1.33）。

从建筑形式方面来看，穴居与木构架建筑是两个不同的结构体系，它们之间似乎不可能在一条直线上发展。这一说法在考古界严文明的"重瓣花朵说"中得到了证明，也开启了后来关于中国古代民居研究一直呈非线性、多元化的研究局面。

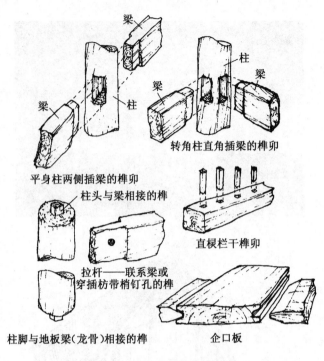

图 1.33 干栏式建筑木作构件

二、夏商周民居

夏朝的建立,标志着我国第一个奴隶制社会的出现,这一时期的建筑营造主要围绕着统治阶级的宫室展开,相对于宫殿庭院来说,民间住宅并没有太大的发展。

到了商代,北方地区民居的形式虽然仍保留了半穴居的特点,但地面上的建筑已有了明显的发展,夯土技术得到广泛应用,出现了级别较高的带有台基的建筑,建筑有了成排的支柱设置,室内分隔现象十分普遍。

西周时期,不仅出现了夯土墙外使用包面砖的做法,还出现了陶制的砖和瓦,并在建筑中得到了普遍的应用。此外,这一时期还出现了四合院的建筑模式。

三、秦汉民居

秦朝时期,建筑技术、施工质量有了显著提高,建筑式样不断丰富,砖的运用也大大增加。在不同材质砖的分布上,乡村民居以土坯砖为主,城市民居以火烧砖为主。汉代时期,住宅和院落大多已经形成了长方形或是正方形的平面形式,而且民间建筑也大致呈现"田"字形的布局形式,后部则由两个方形的"内"所组成,民居已经有了房屋的主次之分(图1.34)。民居的房屋建筑类型中出现了楼房的形式,而且楼梯的设置也体现了礼制的观念。建筑大多已经采用了木构架的结构形式(抬梁、穿斗、干栏),住宅的屋顶已经基本形成了悬

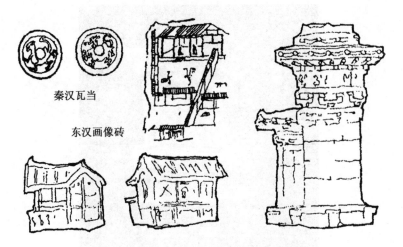

秦汉瓦当

东汉画像砖

图 1.34　现存秦汉时期文物中展示的建筑及其构件

山、庑殿、囤顶、歇山、攒尖 5 种固定形式。此外还出现了庑殿顶和披檐组合发展而成的重檐屋顶,建筑已经有了完整的廊院和楼阁,形式上已具备了屋顶、屋身和台基(图1.35~1.37)。秦汉时期的望楼形态在陕西党家村传统民居中仍有体现(图1.38)。

图 1.35　东汉坞壁的望楼和院落

图 1.36 东汉明器陶楼

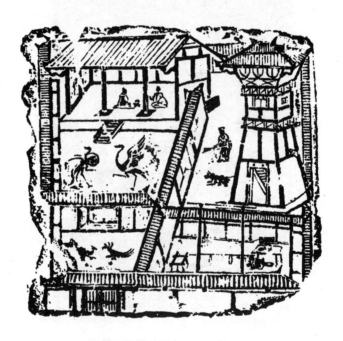

图 1.37 东汉画像砖中的合院住宅

图1.38 陕西党家村的看家楼

四、魏晋南北朝与隋唐民居

魏晋南北朝时期,大量的住宅围墙上出现了成排的直棂窗而且常用竹帘与帷幕挂落,既不影响通风,还可以将院内与外面环境隔开。屋顶外观有较大变化,与前期的平坡房屋和直檐口形式不同的是,屋顶出现了下凹曲面,屋角向上翘起,檐口也呈反翘曲线的形式。

隋唐时期的唐长安城分区中已经实行了里坊制,即将长安城划分成坊与坊的组合,各坊之间有高大的围墙相隔,而民居则在高墙之内。由城墙、坊墙和自家宅院的围墙三面围合的民居院落形成了固定的规模和格局,通常一个大院落成为由前后几个院落排列共同组成的大合院形式(图1.39、1.40)。

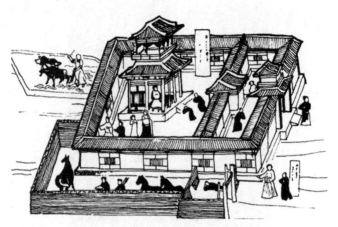

图1.39　敦煌壁画中的唐代合院住宅

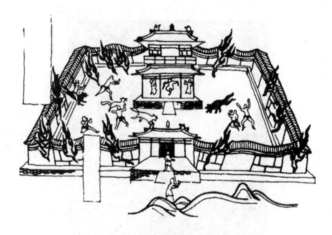

图1.40　敦煌壁画中的五代合院住宅

五、宋代民居

宋朝的城市建设中已经出现了密集的商业建筑,为节省用地面积,临街大多建造楼房。民居建筑高度的增加,使室内居住空间增大,与之匹配的门窗及整个房屋的木构架结构都不同程度地加大了。

民居室内装饰最大的变化就是用泥土铺成的硬地面代替了干栏式的木地板。北宋画家张择端的《清明上河图》(局部,图1.41)描绘出了北宋都城的城市与农宅建筑的景象。城市中的住宅屋顶已经采用了悬山或是歇山顶的形式,除少数采用茅草瓦顶屋面外,大多采用竹棚作为平房的披檐。

这一时期的四合院的功能和形式也发生了变化。为了增加居住面积,四合院的四周用

图 1.41　清明上河图(局部)

廊屋代替回廊。虽然院内的住宅布局仍沿用汉代以来的"前堂后寝"式传统模式,但是在前厅、后堂与后面的寝室之间,都用穿廊连接,形成了"丁"字型、"工"字型或是"王"字型的平面,同时在前堂和后寝的两侧也首次出现了耳房和偏院。

六、明清民居

明代时期出现了单元式的楼房,由楼房组成的院落被划分成若干个住宅单元,而且各住宅单元内部的住房分工也较细致,有天井、厅堂、起居室、卧室等,每个住宅单元都可以构成一个独立的生活空间。

北方的汉族民居,不仅有了多进的合院式,而且组合模式还呈现出纵列和多个纵列的形式。南方地区,大部分都是天井式的民居,建筑比较密集,而且更注重建筑的通风和采光,出现了灵活多样的两进、三进带院的中小型民居形式,大型宅院中常设有庭院或园林。此外,北方地区出现了北京的四合院民居、晋陕地区的三合院民居和窑洞民居,南方地区出现了土楼、围子、围拢屋、一颗印等民居类型。还有一种防御性的民居类型,用来防范沿海敌寇或土匪黑帮的侵袭,如福建土楼、围拢屋以及广东开平的碉楼等。

我国西部的少数民族地区,出现了适合于游牧民族居住的蒙古包,适合于高原干燥寒冷气候的藏族碉房,还有云南侗族、傣族等居住的干栏式民居等少数民族民居类型。

中国民居演变概况见表1.2。

表1.2　中国民居演变概况

时　间	年　代	演变特征
约公元前170万年	旧石器时代	天然崖洞
距今约1万年	新石器时代	半穴居住所
约公元前21世纪~公元前11世纪	夏代、商代	开始出现土墙,民居以土、木材建造
约公元前11世纪~公元前221年	西周及春秋战国	出现了最早的四合院形式,木构架结构成为主要结构形式,建筑出现等级形制
公元前220~公元236年	秦、汉及三国时代	风水之说形成阶段,汉代楼居风气很盛
公元237~589年	魏晋南北朝	住宅有厅堂及庭院回廊,贵族住宅后部多建园林
公元590~960年	隋唐、五代十国	民居建在里坊的四面高墙内,大多是三合院及四合院式的民居,墙外是大街
公元961~1279年	两宋	坐式家具被广泛使用,房屋的净高增加
公元1280~1644年	元、明代	砖结构的民居住宅比例提高,由于各地区建筑的发展,区域特色开始明显,但建筑开始趋于程式化。至今仍保留不少这一时期的民居,如山西民居
公元1645~1911年	清代	夯土、琉璃、木工、砖券技术有很大发展,但在民间住宅形式上没有很大突破,在装饰技艺上则趋向纤巧精湛

第四节　民居的价值

建筑文化不是封闭的,而是继承、创造、延续的产物。就传统民居的可持续发展而言,在新的历史条件下,我们只有不断地从老祖宗给我们留下来的非常宝贵的物质遗产中,不断发掘它对今天民居建筑发展积极的一面,并且把中国传统文化中的精华部分作为设计的源泉,只有这样才能走出一条有中国特色的民居建筑设计道路。在继承优秀建筑文化传统时,必须了解和研究传统文化的内涵,只有这样才能使历史的文脉得以继续发展。传统民居有自己的宝贵价值,正因如此,才能在建筑界引起研究的热潮。

一、历史价值

"建筑是用石头写成的历史",民居则是社会历史的活化石。民居是普通民众的住所,民居的建筑形式及其聚落能够直接地反映各历史时期人类的衣、食、住、行等生活状况及经济、体制、生产力、生产关系等社会状况。

从考古学家对河南渑池仰韶村遗址、陕西西安半坡遗址、浙江余姚河姆渡遗址及河南安阳的殷墟等研究的重视可知,对人类居住生活状况的研究是研究历史的起点。对历史上各时期民居及其聚落发展的纵向与横向研究,则可以看到一个民族的发展历史及迁徙情况。日本学者鸟越宪三郎等在《俊族之源》一书中以大量的篇幅论及村寨与民居建筑,从中得出俊人的故乡在云南之说。其结论正确与否尚待进一步研究,但他们的研究出发点之一正是民居及其聚落。

在云南,20世纪40年代末还曾有反映独龙族原始居住形态的巢居存在,80年代初还有反映基诺族氏族社会的"大房子"实物遗存。至今在云南省宁蒗县,还有反映原始母系社会雏形及"阿注"婚俗的摩梭人民居。这些民居建筑遗存可以说是社会历史的活化石,它们的历史价值是不可估量的,其中部分有代表性的民居实例还被列为文物保护单位。

二、文化价值

民居建筑及其聚落可以充分地反映当地人民的生活习俗,与人文、民俗等社会文化密不可分,因而它们也是民族文化与地域文化的典型实物体现。传统民居的重要文化价值是不言而喻的,主要表现在表层的文化显示与深层的文化内涵两个方面。

在民居建筑及其聚落中,表层的文化显示主要表现在建筑装饰以及宗教文化、民俗文化的外在反映等方面。自人类从穴居、巢居发展到在地面上建房屋起,即有了装饰的萌芽。随着社会经济的发展,房屋装饰越来越多,也越来越受重视。经过了一定时期的发展,在民族文化和地域文化的影响下形成了具有本民族、本地域特色的装饰模式。例如:北方四合院的垂花门,广东民居的正脊与山墙脊头,云南大理白族民居的门楼、照壁、山墙山花,丽江纳西族民居的悬山悬鱼、庭院铺地,大理、丽江等地民居的木福扇门上的漏雕等,这些建筑装饰都体现了当地民族的审美观念。建筑装饰包含形体、线条、色彩等,同时也融汇了许多理想和愿望,如家族兴旺、福寿安康、吉祥如意等,它们是地方民族建筑文化的一个重要组成部分。

民居建筑及其聚落自始至终都有宗教文化的体现。原始宗教包括自然崇拜、祖先崇拜、神灵崇拜等,至今在云南的一些民族村寨中仍有体现,如傣族村寨的寨心和寨门,哈尼族村寨的"龙巴",白族村寨的本主庙。佛教传入我国后渗透到社会生活的各个方面。在云南,不仅全民信奉佛教的傣族村寨中几乎寨寨都有佛寺,而且许多地方的民居中家家还设有佛堂,如永宁摩梭民居中的喇嘛经堂等。我国藏族传统民居中也专设传扬佛教的场所。此外,其他宗教,如道教、伊斯兰教、基督教等,在一些民族的民居建筑及其聚落中的影响也很大。

民居建筑及其聚落是民俗文化的自然载体。傣族的水文化不仅反映在泼水节、河旁沐浴和村寨的水井上,而且民居建筑的凉台上也离不开水。一些民族的火文化反映在民居建筑的火塘及其禁忌,村寨在每年一度的火把节中也有反映。

家庭与婚姻习俗必然会反映在居住形态上,如汉族传统家庭的上下、大小、尊卑观念就明显体现于民居院落布局与空间位序的主次、正偏和内外。傣族较自由开放的婚姻观念使其对各人的私密性保护较弱,民居中数辈合居一间,不分室,各帕垫(即地铺)仅以蚊帐隔开。摩梭人至今存在着"阿注"婚姻,反映在民居形态上是成年女子在院落临街一边的楼上每人有一小间居室。

上述建筑装饰、宗教文化、民俗文化等都是显露在外的民居文化价值影响因素,在民居建筑及其聚落中容易看到。然而民居的文化价值更重要的是表现于其深层的文化内涵上。中国传统的合院式民居室内外相互渗透的空间处理,体现了一种"天人合一"的思想。民居院落反映尊卑观念的空间位序,以不变应万变的合院组合方式蕴藏着丰富、充实之类的重门叠院等,表现出"德"的整体观念。中国传统建筑,包括民居,在规则与自由、实与虚、凹与凸、曲与直、限定与余地、天功与人代等方面,反映出阴阳相济的二元态度及包容思想等,这些都是民居建筑深层的文化内涵之所在。此外,建筑文化与地域文化也有着深厚的内在联系。江南文化的清秀、草原文化的奔放、黄土文化的浑厚、西域文化的悲壮,这些文化对民居建筑文化内涵的孕育也不无影响。各民族、各地区的民居建筑都有自己的内在气质,我们应从大文化的宏观联系中探索其特定的内涵。

三、建筑创作价值

传统民居的前两种价值不仅为行家所识,也逐渐为世人所知。这里所说的创作价值并非狭义地指民居建筑的直接利用价值,而是广义的建筑创作价值,即对民居建筑的创作手法、创作思想的再利用。对现有保存较好的传统民居及其群落应当重点保护,并对它们进行适当的改造利用,少量改造成博物馆、宾馆类,多数则作为民宅。其室内可按现代生活要求进行改造,其群落亦应按生活、防灾等需要增加水、电等公共设施,改善居住环境。

传统民居的建筑创作手法与创作思想是其建筑价值的真正体现,这也是民居建筑研究所要解决的问题。传统民居的创作手法包含广泛的内容,既有功能、技术、经济方面的合理措施,也有对环境、空间的处理手法。这些创作手法随着社会经济的发展日益成熟,形成许多精彩的范例。这些传统民居在对气候的适应性、对地形与环境的利用、群体空间的处理、院落空间的多功能与弹性、半开敞空间的独特运用、建筑内部空间的利用、构筑与造型上的标准化与多样化、装饰的地方化与民族化、构造的灵活性、材料的地方性等方面有许多创作手法值得借鉴,具有很高的创作价值。在上述创作手法的背后,起主导作用的是"从人出发、以人为主"的创作意识,"因时制宜、因地制宜"的创作态度,"兼收并蓄、融汇于我"的吸取精神,这些创作思想都可以被提取出来作为今后建筑创作的借鉴。

上述三种价值是针对传统民居总体而言的,并非任何一幢民居皆具备。以这三种价值标准,可以综合判断某幢民居或其群落的总价值。

第五节 研究综述

一、中国传统民居建筑研究发展回顾

民居研究经历了如下 4 个阶段:

1. 第一阶段(20 世纪 40 年代)

此阶段是民居研究的开拓时期。中国建筑史学家刘敦桢教授在 1940 ~ 1941 年对我国西南部的云南、四川和西康县等地进行了大量的古建筑、古民居考察调研,并撰写了《西南古建筑调查概况》。这是我国古建筑研究中首次把传统民居建筑作为一种类型提出来。20 世纪 30 年代,中国建筑史学家龙庆忠教授根据对河南、陕西、山西等省的窑洞进行的考察调查,编写了《穴居杂考》一书。1941 年中国建筑史学家刘致平教授在调查了四川各地传统建筑后,写出了《四川住宅建筑》一文。由于抗日战争没有刊印,该书稿直到 1990 年才得以发表,刊载于《中国居住建筑简史——城市、住宅、园林》。以上研究成果表现了我国老一辈的建筑史学家对传统民居建筑研究所做出的卓越贡献,体现出一种开拓精神,为后辈学者进行传统民居研究创造了一个良好的开端。

2. 第二阶段(20 世纪 50 年代)

1953 年,当时在南京工学院建筑系任教的刘敦桢教授,在研究过的古建筑、古民居的基础上,创办了中国建筑研究室。他们下乡调查,发现在农村有很多完整的传统住宅被保存下来,无论在建筑技术上还是在建筑艺术上都是极具特色的。1957 年,刘敦桢教授撰写了《中国住宅概况》一书,这是早期比较全面的一本从平面功能分类来论述中国各地传统民居的著作。过去,中国古建筑研究偏重于对宫殿、坛庙、陵寝、寺庙等官方大型建筑的研究,而忽视了对与人民生活相关的民居建筑的研究。现在通过调查发现民居建筑类型众多、民族特色显著,并且有很多的实用价值。该书的出版把中国传统民居建筑提高到一定的地位,从而使民居建筑研究引起了全国建筑界的重视。

3. 第三阶段(20 世纪 60 年代)

本阶段民居研究发展有两个特点。

(1)广泛开展测绘调查研究。

这一时期民居调查研究之风遍及全国大部分省、市和少数民族地区。在汉族地区有:北京的四合院、黄土高原的窑洞、江浙地区的水乡民居、客家的围楼、南方的沿海民居、四川的山地民居等;在少数民族地区有:云贵山区民居、青藏高原民居、新疆旱热地带民居和内蒙古草原民居等。通过广泛调查发现,广大村镇中传统民居类型众多、组合灵活、外形优美、手法丰富,内外空间适应地方气候及地理自然条件,具有很大的参考价值。参加调查的人员类型比较广泛,既有建筑院校师生,又有设计院的技术人员,科研、文物、文化部门也都派人参加,形成一支浩浩荡荡的民居调查研究队伍。

(2)调查研究。

开始有明确的要求,如要求有资料、有图纸、有照片。资料包括历史年代,生活使用情况,建筑结构、构造和材料,内外空间、造型和装饰、装修等。值得一提的是,20 世纪 60 年代,在我国北京科学会堂举办的国际学术会议上,将《浙江民居调查》作为我国建筑界的科学研究优秀成果在大会上进行了介绍和宣读,这是我国第一次把传统民居研究的优秀建筑艺术成就和经验推向世界。

本阶段存在的问题是,研究的指导思想只是单纯地将现存的民居建筑进行调查测绘,从技术、手法上加以归纳分析,比较注意平面布置和类型、结构材料做法以及内外空间、形象和构成,而很少提及传统民居产生的历史背景、文化因素、气候地理等自然条件以及使用人的生活、习俗、信仰等对建筑的影响,只是单纯建筑学范畴调查观念的反映。

4. 第四阶段(20世纪80、90年代)

本阶段民居研究有较大成就,主要反映在以下几个方面:民居研究者组织了自己的民间学术团体;有组织、有计划和更广泛、更深入地进行民居的综合性调查,并出版论著;民间研究队伍不断扩大,传统民居建筑文化交流进一步加强。

本时期的成就主要反映在以下5个方面:

(1)学术加强,扩大了研究成果。

在学术上加强了交流、扩大了研究成果,众多对中国传统民居建筑有研究热情的国内外人士加入了民居研究的行列。

全国性中国传统民居学术会议、海峡两岸传统民居理论(青年)学术会议、中国传统民居国际学术研讨会和传统民居专题学术研讨会等学术会议是广大民居领域研究学者交流与分享的平台,在各次学术会议后,大多出版了专辑或会议论文集,计有:《中国传统民居与文化》七辑、《民居史论与文化》一辑、《中国客家民居与文化》一辑、《中国传统民居营造与技术》一辑等。

中国建筑工业出版社为弘扬中国优秀建筑文化遗产,有计划地组织了全国传统民居专家编写《中国民居建筑丛书》。清华大学陈志华教授等和台湾汉声出版社合作出版了用传统线装版面装帧的《村镇与乡土建筑丛书》,昆明理工大学出版了较多关于少数民族传统民居研究的论著。各地区建筑类高校也都结合本地区实际情况进行民居调查测绘,编印出版了不少传统民居著作和图集,如东南大学出版了《徽州村落民居图集》、华南理工大学出版了《中国民居建筑(三卷本)》等。各地出版社也都相继出版了众多的民居书籍,有科普型、画册型、照片集或钢笔画民居集等,既有理论著作,也有不少实例图片的介绍。

截至2001年底,经统计,已在报刊正式出版的有关传统民居和村镇建筑的论著包括著作217册和论文912篇。2002~2007年,据初步统计,已出版的有关传统民居的著作约有448册,论文达1 305篇。这些书籍和报纸杂志作为较好的媒介,为我国传统民居建筑文化的传播、交流起到了极大的宣传作用。

(2)民居研究队伍不断扩大。

过去的几十年间,老一辈的建筑史学家开创了中国传统民居建筑学科的研究阵地,现在的中青年学者也在不断地加入到这个行列。他们之中,不但有教师、建筑师、工程师、文化工作者、文物工作者,还有不少研究生和大学生。在传统民居建筑学术会议上,参加人数和论文投稿数量愈来愈多,更可喜的是其中青年教师和研究生的数量占了不少,他们在研究观念和方法上都进行了更新和创造,成为中国传统民居研究的新生力量。

（3）观念和研究方法的扩展。

民居研究已经从单一学科研究进入到多方位、多学科的综合性研究,由单纯的建筑学范围研究,扩大到与社会学、历史学、文化地理学、人类学、考古学、民族学、民俗学、语言学、气候学、美学等多学科的综合性研究。这样,传统民居研究就会更符合历史,更能反映出民居研究的特征和规律,更能与社会、文化、哲理思想相结合,从而能够更好地、更正确地表达出民居建筑的社会、历史、人文面貌及其艺术和技术特色。

对于传统民居的研究已不再局限于一村一镇或一个群体、一个聚落,而是扩大到一个地区,在一个民系的范围中去研究。民系类别主要由不同的方言、生活方式和心理素质所形成的特征来进行区分。研究传统民居与研究民系结合起来,不仅使民居研究可以了解不同区域民居建筑的特征及其异同,了解传统民居的演变、分布、发展及其迁移、定居、相互影响的规律,同时也可以了解民居建筑的形成、营造及其建造经验和手法,并可为创造具有我国民族特色和地方特色的新建筑提供丰富的资源。

（4）深入进行民居建筑理论研究。

本时期传统民居建筑理论研究比较明显的成就表现在扩大了民居研究的深度和广度,并与民居形态、环境相结合。由此提出了民居形态、民居环境等概念,以及一系列关于民居的分类方法。在传统民居理论研究中,比较艰巨和困难的研究课题之一是传统民居史的研究。在写史尚未具备成熟条件前,可在各省、区已有的大量传统民居实例研究的基础上,对传统民居建筑的演变、分类、发展、相互联系、省、地区特征异同进行研究并找出规律,然后再扩大到全国范围,为编写传统民居发展史做好准备。

为此,中国建筑工业出版社与民居建筑专业委员会进行合作,申报了国家"十一五"重点出版项目,按省、地区编写了一套《中国民居建筑丛书》。丛书要求把本省、本地区传统民居建筑的演变、发展、类型、特征等理论及其实践做一个比较清晰的阐述和分析,即从全省、全地区范围内对民居研究做更深入地理论探索。

（5）开展民居建筑实践活动。

科学技术研究的目的是为我国现代化建设服务,民居建筑研究也是一样。民居建筑的实践方向有两个方面:在农村,要为我国社会主义新农村建设服务;在城镇,要为建造现代化的、有民族特色和地方特色的新建筑服务。

二、中国传统民居研究现状

1. 民居研究与社会、文化、哲理、思想相结合

民居与社会、习俗、生活、生产、文化息息相关，而中国传统民居又与儒学、礼制、宗法紧密联系。在中国古代的农村中，民居常与家庙、祠堂布置在一起。古代盛行的天命观、家族观、等级观和阴阳五行思想，对民居的选址、择位、定向、布局以及建筑的正面、大门、山墙、墙尖、屋脊、装饰、装修等都有明显的影响。近十年来，研究者们在这方面已做了很多的研究工作，并有大量论著发表。民居发展史是民居研究中存在困难最大、工作量最艰巨的一项课题。由于史料少，实物遗存也少，因此有关民居史的论著也较少。刘致平教授在 50 年代写成、于 1990 年正式出版的《中国居住建筑简史》是一本比较全面地论述住宅发展的著作。该书的优点是比较全面和系统地对帝王、贵族、官僚、富商和一般的住宅进行综合介绍分析，同时把住宅和园林结合在一起论述。该书史料丰富，但由于写作时间较早，故对广大村镇民居建筑叙述不多。

2. 民居研究与形态、环境相结合

民居形态包括社会形态和居住形态。社会形态指由民居的历史、文化、信仰、习俗和观念等社会因素所形成的特征。居住形态指由民居的平面布局、结构类型和内外空间、建筑形象所形成的特征。

民居环境指民居的自然环境、村落环境和内外空间环境。民居的形成与自然条件有很大关系。由于各地气候、地理、地貌条件以及建筑材料的不同，造成民居的平面布局、结构类型、外观和内外空间处理也不相同。这种差异性，就是民居地方特色形成的重要影响因素。这些因素都对民居的设计、建造产生了深刻的影响，因而民居特征及其分类的形成是综合因素影响下形成的。此外，长期以来，民居在各地实践中所创造的技术上或艺术处理上的经验，如民居建筑在通风、防热、防水、防潮、防风（台风）、防虫、防震等方面的做法，民居建筑结合山、水地形的做法，民居建筑装饰装修做法等，在今天仍有实用和参考价值，值得总结和探索。

民居建筑有大环境和小环境。村落、村镇属于大环境，内部的院落（南方称为天井）、庭园则属于小环境。当民居处于村落、村镇大环境中，才能反映出自己的特征和面貌。民居建筑中的空间布置，如厅堂与院落（天井）的结合、院落与庭园的结合、室内与室外空间的结合，这些空间处理使得民居的生活气息更浓厚。

民居的分类是民居形态研究中的重要内容和基础，也是民居特征的综合体现。多年来，各地专家学者都对此进行了深入的研究，提出了多种民居分类方法，如平面分类法，结构分

类法,形象分类法,气候地理分类法,人文、语言、自然条件分类法,文化地理分类法等。民居的形成与社会、文化、习俗等有关,又受到气候、地理等自然条件影响,由匠人设计和营建,同时运用了当地的材料和各自的技艺和经验。目前已使用的民居分类方法有:平面分类法(刘敦桢《中国住宅概说》),结构分类法(刘致平《中国居住建筑简史》),外形分类法(龙炳颐《中国传统民居建筑》),气候、地理分类法(汪之力《中国传统民居建筑》),人文、语言、自然条件分类法(陆元鼎《中国传统民居的类型与特征》),文化、地理分类法(蒋高宸《四大谱系说》)等。

近年来,在民居环境理论研究方面,较多的学者比较关注民居与村落、村镇和聚落的研究。在最近的几次民居环境、中国建筑史学术会议上就有不少有关村镇和聚落的论文发表。由于传统民居研究中也包含村落、村镇和聚落研究,涉及社会学、历史学、文化地理学、人类学、考古学、民族学、民俗学、语言学、美学等人文、社会科学领域,因此研究传统民居应不仅仅局限在建筑学科本身的范畴,相反,只有把它放在社会大环境中,在各学科的配合下进行综合性研究,才能掌握传统民居的历史背景、演变发展、文化内涵和特征。

3. 民居研究与营造、设计法相结合

民居的建成离不开社会条件,包括历史、文化、习俗、信仰等的影响,这是民居形成的一般规律。民居如何设计和营造,这是民居形成的自身特殊规律。民居营造的技术,在史籍上甚少记载。匠人的传艺,主要以师傅带徒弟的方式,靠技艺操作或用口诀方式传授,匠人年迈、多病或去世,其技艺传授即中断。因此,总结老匠人的技艺经验是继承传统建筑文化的一项非常重要的工作,也是研究传统民居的一项重要课题。

这方面的相关研究工作,除史籍,如宋《营造法式》外,还有中国建筑史学家梁思成教授、林徽因教授撰写的《清式营造则例》等专著。此外还有地方营造论著,如1959年姚承祖原著、张至刚增编的《营造法原》一书。近年来,《古建园林技术》杂志对推动传统建筑的营造制度、营造方法、用料计算等传统技艺、方法的研究和支持相关论文刊载也有很大贡献。

对地方营造制度、传统民居、民间建筑营造和设计法的研究,在传统民居研究中是一项比较薄弱的课题。近十多年来,此项研究发表的论文主要有《关于鲁班营造正式和鲁班经》郭湖生(1981)、《广东潮州民居丈竿法》陆元鼎(1987)、《广东潮州许驸马府研究》吴国智(1991)、《广东潮州浮洋佃氏宗祠勘查考略》吴国智(1996)等。目前,各地老匠人数量稀少,技艺濒于失传,民居营造和设计法的研究存在较大困难。

关于这方面的研究,中国台湾学者做了较深入的工作并发表了如1983年徐裕健《台湾传统建筑营建尺寸规制的研究》和1988年李乾朗《台湾传统营造匠师派别之调查研究》等论

著,都是以老匠人口述史料为基础进行总结的、有代表性的论著,对今后进一步研究和交流传统民居和民间建筑的营造、设计法是很有启发和帮助的。

4. 民居研究与保护、改造、发展相结合

传统民居是历史文化遗产的组成部分。优秀的传统民居,不但具有历史价值、文化价值,而且还有技术价值、艺术价值,对今天的城镇建设和旅游规划还有参考、借鉴的实用价值,因此我们要保护、改造和发展它。现存的北京四合院,山西丁村的明、清民居和村落,安徽歙县、黟县、江西景德镇等地的明、清民居建筑群,云南丽江纳西族大研镇民居群等都是一些比较完整的传统民居建筑。

保护传统民居有很多方法,最好的方法是就地维修保护,可是却经常碰到困难。因为建设的需要,往往需要拆旧建新。在农村或城镇中的传统民居建筑,又存在缺乏经费而无法维修的问题。为了保护这些优秀传统民居的完整性和它们的历史和文化价值,目前采取的一种方法是易地迁建,如江西景德镇陶瓷博览区的明园、清园民居,安徽徽州潜口区民居群等就是比较好的实例。迁建后的民居形成了一个新的群体,既可供考察,又能作为旅游景点,从而产生新的价值。这也是传统民居保护实践中一个不得已的方法。

至于民居的发展,主要是指如何继承、发扬传统民居的经验和特色,把它们运用到今天的城镇建设中去,如北京、苏州等地就有不少的实践案例。此外,各地的一些新建筑、度假村、住宅小区等,都相应地采用了传统民居的某些符号或营造手法,经过提炼和整合,运用到新建筑中去,效果良好。可见,传统民居与现代化建设结合起来后,不但保护了民居,恢复了其历史文化面貌,而且可以丰富新建筑的民族特色和地方特点。

从今天的建设需要出发来研究传统民居,取其精华,弃其糟粕,将使传统民居研究获得新的活力,迈上新的台阶。

三、传统民居研究的展望

1. 抢救民居遗产,加强民居的保护、继承运用和发展

国家建设发展,需要建造大量的新建筑。传统民居建筑,由于自然条件的破坏、不能满足新的使用功能或者新建设的需要,正在逐步被毁。其中有些是难以避免的,而有些则是不应有的拆毁,令人痛心。为此,作为传统民居研究者,我们要在力所能及的范围内尽力抢救民居遗产,其中重要的一条途径是要尽快尽早地进行各地区传统民居建筑的测绘、调查和实录,做到先保存资料。2014年9月,中华人民共和国住房和城乡建设部、文化部、国家文物局发布了《关于做好中国传统村落保护项目实施工作的意见》,推进中国传统村落保护项目的

实施。2014年4月,中华人民共和国住房和城乡建设部、文化部、国家文物局、财政部发布了《关于切实加强中国传统村落保护的指导意见》。2014年4月,中华人民共和国住房和城乡建设部发布了《关于成立传统民居保护专家委员会的通知》。同时,为了弘扬传统建筑文化和抢救民居遗产,也为了深入展开传统民居的研究,全面地对传统民居进行一次普查也是非常必要的。

民居的保护、利用工作,可与建设、旅游部门配合起来,使保护、利用和开发相结合,例如安徽黟县宏村、苏州昆山周庄镇等就是较好的实例。这些村镇由当地农民和政府联合组织维修和开发,既达到了保护传统民居建筑的目的,又促进了旅游业的发展,也改善了农民的生活水平。这是一种传统民居保护的新思路。

2. 深入进行民居理论的研究

史料、实物调查、经验、做法都属现象,要上升到理论、找到规律性,才能有效地指导实践。理论研究的目的要为今天所用。带有人文、社会学科性质的传统建筑学科,既要为历史、文化服务,也要为今天的社会建设服务,民居研究也不例外,如民居发展史研究就属于前者,民居的经验、地方特性、设计规律等就属于后者。民居发展史,包括各时期民居的发展、特征等,对它的研究仍是一项重要而又十分艰巨的课题,虽然研究过程中的困难很大,但是却是一项需要即时进行的任务。

传统民居建筑的地方特征和地方风貌与今天地方新建筑的特点表现有一定的关系,即一种继承和发展的关系。地方特征来自地方建筑,因此,要探索新建筑的地方特色,需深入到民间,到传统村镇、村落、民居中去调研考察,取其精华,不失为有效途径之一。

此外,我国现在有七大民系:北方两个,按方言来分,属北方官话与晋语地区;南方五个,即江浙吴语民系、福建闽语民系、广东粤语民系、湘赣语民系和客家民系。从民居、民系中寻找建筑的地方特征也是研究传统民居的有效途径之一。

研究民居与研究民系结合起来,不仅使民居研究者可以在宏观上认识它的历史演变,同时也可以了解不同区域(民系)民居建筑的特征及异同,为创造有我国民族和地方特色的新建筑提供有力的支持。

第六节 传统民居形态演进的环境因素

一、传统民居形态演进的概况

中国古代居住场所的构筑是从掘土为穴和架木为巢的方式开始的,这两种形态也成为我国建筑产生和发展的两个主要渊源。据考证,传统民居的两种木构架形式——抬梁式和穿斗式便是分别由早期的"穴"和"巢"的形态逐步发展演变而成的(图1.42、1.43)。

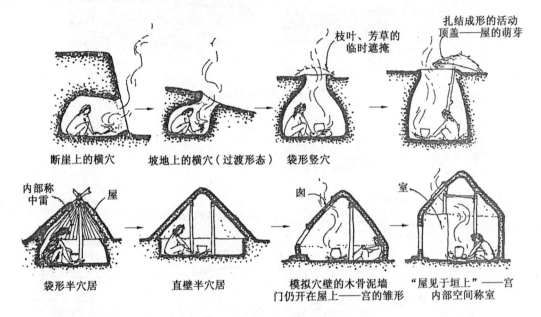

图1.42 穴居发展序列

从我国有文字记载以来,直到封建社会结束的漫长时间里,以土木为主的构筑形态被确立、发展和完善。在与自然的长期斗争中,我国古代劳动人民不断地创造和发展构筑技术,这首先表现在建筑材料由直接选用天然材料(如黏土、木材、石材、竹等)发展到使用人工材料(如瓦、石灰、金属等)(图1.44)。有了什么样的材料,就必然有与有效地发挥材料的力学性能和防护功能相适应的结构和形式。传统民居正是按当时人们对材料的认识和对建筑的功能要求来取舍的,人们根据一定的经济条件,选用各种地方材料来创造出丰富多彩的民居建筑形态。其次,施工能力的发展和提高也是一个重要的方面。传统民居建筑都是依靠协作劳动和简单工具的运用进行构筑的,因此形成了一整套系统的施工方式,从而能创造出许多具有完美形态的传统民居。

图 1.43　巢居发展序列

图 1.44　《天工开物》砖瓦窑

木构架承重体系是传统民居形态的一个重要特征,它的采用和推广一方面是由于木材的取材、运输、加工等都比较容易,另一方面木构架虽仅有抬梁式、穿斗式和混合式等几种基本形式,却可根据基地特点的不同灵活调节,具有很大的灵活性和适应性。所以在当时的社会经济条件和技术水平下,木构架体系是有一定的优越性的。在材料选择上,传统民居在木构架结构体系的使用和发展中,积累了一整套木材的培植、选材、采伐、加工和防护等宝贵的经验。在技术水平上,无论是在高度、跨度以及解决抗震、抗风等问题上,还是在力学、施工和艺术加工等方面,都经过严密的整合,形成了系统的方法。

关于建筑技术的记载和理论上的总结,在我国最早的著作便是《周礼·考工记》了,其后有官方颁布的标准,如宋《营造法式》等,对建筑取材、形制、用料大小等问题都做了规定,形成了许多标准化和模数化的规定制度。同时,各地民间的匠师又按自己的经验结合当地具体情况创造出一些习惯性做法,有抄本流传的著作,如喻浩的《木经》(已失传)等。因此,建筑营造方式有官式手法和民间手法之分,同时它们也互相交混补充,以此来丰富建筑结构。

二、自然环境的影响

我国最早的人类居住场所与自然环境是密不可分的。根据目前所知的资料,我国已发现的、最早的人类住所是距今约50万年的北京西南周口店龙骨山岩洞,这些人类居住的天然岩洞一般有以下特点:

(1)近水,生活用水及渔猎方便。

(2)洞口较高,避免水淹。

(3)洞内较为干燥,以利生存。

(4)洞口背寒风,极少有朝东北或北方的。

(5)居住使用接近洞口的部分,洞内深处过分潮湿,且空气稀薄不利生存。

可见,当时栖居于自然洞窟之中的原始人,已有了一些"避自然之害,取自然之利"的意识。随着人类营建经验的积累,在我国产生了模拟自然的"巢"和"穴"的人为居住形态,而这种构筑形态其实也正是居住环境与自然环境相适应的表现。《孟子·滕文公》中:"下者为巢,上者为营窟"就说明了这一问题。

穴居出现在中华民族文化的主要发祥地——黄河流域,那里有质地细密丰厚并含有一定石灰质的黄土层,其土壤结构呈垂直节理,壁立而不易塌陷,这为穴居的产生和发展提供了有利的条件,而干燥、寒冷的气候也符合土筑建筑惧水防寒的特征。由于穴居的底部和四壁潮湿,故《墨子·辞过》中有:"下湿润伤民"的追述,因此由穴居逐步演进到地面上的宫室,使建筑在防潮、通风、采光等方面迈进了一步。横穴的原型至今仍在黄土高原地区被保持着,在不断改进中成为黄土高原地区特有的居住形态。

巢居则产生在南方长江流域的水网地带,由于这一带河流、沼泽密布,地下水位很高,一般不可能采用挖洞的办法解决居住问题。处于这样的地理条件下,方便凭借树木构巢。这种居住方式可避猛兽的侵害,也可以脱离潮湿的地面,同时可取得良好的通风效果,这些与湿热地区的气候特点也是很适合的。现在西南地区的干栏式建筑就还保持着这种构筑形态。

所以,从早期穴居和巢居的产生地区和发展可以看到民居建筑形态与自然环境之间的密切关系。或许我们也可以得出这样的结论:越是早期,在物质条件差、技术水平低的情况下,自然环境对传统民居形态的影响越大。我们所探讨的传统民居是在漫长的农耕社会里形成的,所以对其形态的探讨,不能不涉及自然环境的重要影响。

另外,传统民居相对于官式建筑来说,其形态受自然环境的影响更大,这是因为:其一,坚固耐用和防御自然的侵袭始终是传统民居的一个基本要求,《周易·系辞》上说"上古穴而野处,后世圣人易之以宫室,上栋下宇,以待风雨。"可见,传统民居构筑方式的不断改进,也都是为了更好地与自然环境相适应,以获得舒适的居住环境。其二,传统民居是一种量大、面大的建筑类型,受经济上的制约较大,所以要以最直接和经济的方法顺应自然,因地制宜,就地取材。

总之,传统民居建筑最能反映出顺应自然的建筑特征。

三、社会文化环境的影响

社会文化是一种复杂的社会和心理现象,它会随着生产力的发展不断变动,不同时代人们的思想、观念、文化、心理状态是不断发展的,所以它对于民居的影响也是复杂的。社会文化环境不像自然环境那样存在着地带性或非地带性规律,来影响传统民居的形态。社会文化环境对传统民居形态的影响可归为下面几个方面。

1. 家庭结构与宗法制度的影响

由于家庭是进行生产消费和生活的最基本的社会单元,因此家庭的组织形式与传统民居的基本形态有着直接的关系。在原始社会的母系氏族公社中,建筑形态由若干单幢的小房子围绕一个大的公共空间而形成,以满足"对偶家庭"的生活需要。而当男子在生产中取得优势地位后便改变了"对偶家庭"的家庭结构,形成了以父系血缘关系把所有成员联结起来的家族组织形式。在中国长期的封建社会中,家庭结构以自力劳动的"同居共财"为其主要形式,反映在建筑形态上表现为传统民居不再是由单幢的房屋构成,往往是以正堂为中心,多幢建筑组成内向的院落,即四合院的形式。

中国的封建宗法制度是以同宗共祖的血缘关系为纽带将人口结合起来的,即以宗教组织为基础的宗法制。此制度中规定了以尊卑贵贱、亲疏长幼、男女有别的封建思想确定的等级制;此制度对建筑形制也有规定,如贫民住宅与官仕住宅在开间、高度及装修上都有所区别;而在同一宅院内部其房间的安排也体现着长幼之别:一般宅主住正房,子孙住厢房,而厢房无论是开间,还是高度都要低于正房一等。

2. 经济形态的影响

不同的经济形态与生产方式对传统民居的形态有很大影响,如游牧部落与农耕聚落的民居形态就有很大的差异。游牧部落以渔猎、畜牧等流动性生产活动为主,由于非定居性和散居野处的生活方式,需要有可移动性的或简便和临时性的居住场所,如采用帐幕式住宅等,蒙古包就是一种典型的牧民住宅;而在西藏北部的川西草原牧区,有一种下部是矮石墙,其上盖有牛皮帐篷的住宅形式,迁移时仅拆帐篷,石墙留置不动,以便再来时继续使用。而农耕文明的社会以定居性的生活方式为主,这种定居的生活使他们更重视其居住场所的营建。此外,中国封建社会长期以来形成的小农经济,也是传统民居形态特征相对稳定的重要因素。

3. 风水与民俗的影响

中国古代的阴阳五行、八卦等风水学说对传统民居形态的影响是明显的。风水是古代中国人对宇宙现象的一种解释,其中不乏与自然法则相适应的科学成分,但也有一些唯心的观念。人们期望住宅与地形相适合,以获得理想的运道,所以有时即使风水说与舒适条件或合理的构筑相冲突,这时后者也往往要做些让步,如按风水说确定宅院的朝向时,以朝正南为不吉,故按宅主的生辰八字向东或向西偏一定的角度;若受地形或道路的限制,建筑无法与规定的朝向一致时,则入口大门也要相对外墙扭转一定的角度而与之对应起来。在福建,民间"财不外露"的封建意识使得民居卧室不开大窗,有的甚至只靠亮瓦采光,室内封闭阴暗,呈现出与自然的矛盾。在皖南,潜口村吴建华宅(明代)在风水方面表现得十分突出。由于该宅正面有座山,按当地风水说:入口对山有"煞",故住宅改从侧面入口。另外,天井外宽里窄、堂屋前宽后窄为进财之意,而后墙偏斜据说也是为了避邪。因此,由于风水说的规定使这栋住宅呈现出特殊的形态。

另外,民间住宅装饰常取吉祥之意。有的是在形状上具有一定的象征性,如钱形表示财富,圆形表示圆满;也有用动物或植物名称的谐音来表示吉祥之意的,如鱼与莲花在一起可以表示连年有余,鹿(禄)、蝙蝠(福)等都是取其谐音。这些装饰处理实际上都源自祈福、避邪、镇宅的民间俗念,这种民俗甚至也反映在房屋的开间数目及各种建筑构件的尺寸上。因此,民俗也成为影响民居形态的一种因素。

4. 民族文化的影响

不同民族的住屋也有很大的差别,有时即使在相同的自然地理条件下,不同民族的住宅特征也截然不同,这就是民族文化的影响。民族文化由于有相对独立的体系,包括信仰和价值观等可以渗透到生活的各个方面。在传统民居中,如汉族住宅中的堂屋是家庭生活的重心,东北地区的满族住宅则把西屋奉为上屋,而西南山区的侗族把火塘间作为全家活动的中心,藏族民居则是以经堂为装饰的重点。笔者曾在东北地区调查过一个汉族和朝鲜族混居的村落,当地的朝鲜族民居与汉族民居虽然在与自然环境的适应上有一些共通的地方,但二者的外部形态和内部空间却截然不同。正是这些民族文化的多样性,成就了我国各民族传统民居建筑形态的丰富多彩。

第二章　传统民居形态与自然环境的适应

民居都是利用当地出产的材料,用最经济的方法,密切结合气候和地形、环境等自然因素建造的,具有自然质朴的特性。人和自然在这里有最直接的亲密交往,建筑镶嵌在自然环境之中,更多的是与自然的协调,更少的是与自然的对比。中国历史悠久,疆域辽阔,自然环境复杂多样,社会经济环境亦不尽相同。在漫长的历史发展过程中,逐步形成了各地不同的民居建筑形式,这些传统民居建筑被深深地打上了地理环境的烙印,生动地反映了人与自然的关系。一般来说,影响传统民居建筑形态的自然因素主要包括:气候条件、地理位置、地形地貌和材料资源。

第一节　与气候环境的适应

气候作为大气物理现象与物理过程,它在一定地域内的特征取决于若干气候要素的变化特征以及它们的组合情况,影响到民居建筑中的主要气候要素有气温、湿度、日照、降水量、风速等。

传统民居在技术不够发达、控制环境能力有限的条件下,没有办法掌握建筑周边的自然环境,便采用与自然合作的方法去适应自然环境。在气候限定越严酷的地方,我们越容易找到传统民居最有效、最成熟的构筑方法。美国建筑师 B·Givoni 在《人·气候·建筑》一书中,采用现代生理和物理的科学方法,对人类的居住环境进行测试,从而得出一些不同气候类型下建筑设计的原则和方法。我们以这些建筑设计的原则为标准,将其与处于相同气候条件下的传统民居的形态做比较,会得到许多一致的地方,足以证明传统民居形态在解决气候问题上的成就(表2.1)。

我国从南到北跨越了热带、亚热带、暖温带、中温带及寒温带五个气候带。来自中高纬度大陆的冬季风寒冷干燥,来自低纬度热带海洋的夏季风高温多雨,不同地区气候条件对传统民居建筑提出了多种技术要求。由于经济和技术手段十分有限,人们为了满足对通风、采光、避暑、御寒等基本生活条件的要求,只能尽可能地去适应当地的气候条件来建造房屋。所以正是在长期与自然气候条件博弈的过程中,使传统民居得以逐步发展完善,并积累了丰富的经验和有效的方法。下面仅列举几个建筑气候要素来分析它们对建筑形态的影响。

表 2.1　典型气候区类型划分

气候区类型	干热气候区	湿热气候区	温和气候区	寒冷气候区
典型气候特征	阳光暴晒,眩光,温度高,年较差、日较差大,降水稀少,空气干燥,湿度低,多风沙	温度高,年均温度18 ℃以上,年较差、日较差小,年降雨量大于750 mm,潮湿闷热,相对湿度大于80%,暴晒,眩光	有较寒冷的冬季和较热的夏季,月平均温度波动范围大	大部分时间月平均温度低于15 ℃,严寒,暴风雪
基本设计原则	防晒、隔热、通风是建筑设计中处理的重点	遮阳、通风、防潮、避雨	重视热期的隔热、通风和降温,以及冷期的保暖和避寒	保温、防寒、防暴风雪

一、降水量因素的影响

各地降水量的大小会直接影响到传统民居的形态,而反映最明显的就是主要用于排水的建筑屋顶的形式。

由于当时屋面材料和技术的限制,传统民居屋顶多采用以疏导为主的自然排水方式,所以降水量因素对屋顶形式的影响直接表现在屋顶的坡度上。一般来说,分布在降水量较多地区的传统民居,屋顶坡度大,此利于泄水;反之则屋顶坡度小,这在大量的传统民居实例中可得以验证。

倘若将我国按降水量多少划分为几个区域,便可明显看出降水量因素对屋顶形式的影响。在湿润地区,如南方地区,降水较多,年均降水量都在 1 000 mm 以上,故这里的建筑屋顶坡度一般都很陡;在半干旱地区,如河北西部、辽西和黄土高原地区,降水较少,年均降水量都在 600 mm 以下,房屋出现了略呈圆弧形、单坡和缓坡顶的屋顶形式;而在新疆吐鲁番盆地等干旱地区,那里降水量极少,房屋多数是用土坯砌筑的平顶住宅,可利用屋顶做活动平台等(图 2.1、2.2)。其次,各地降水量的多少对外围护墙的构筑与防护也有很大的影响,如在墙体材料的选择上,在干旱地区或半干旱地区出现大量的以防水性差的土构筑外墙的传统民居形态,并不需加设墙体防雨构件;而在南方多雨地区,民居多采用防水性较好的材料,如砖石等做外围护墙,即使有时采用土墙等也都会做一定的抹面处理,并将土墙筑得比较低矮,同时用探出檐的屋顶加以防护。多雨地区外墙防护常采用的构件形式有深挑檐、悬挑、腰檐和重檐等,以防雨淋湿墙面以保证墙体的坚固耐久,这些不同的处理方法,也形成了多雨地区传统民居所特有的一些形态(图2.3)。

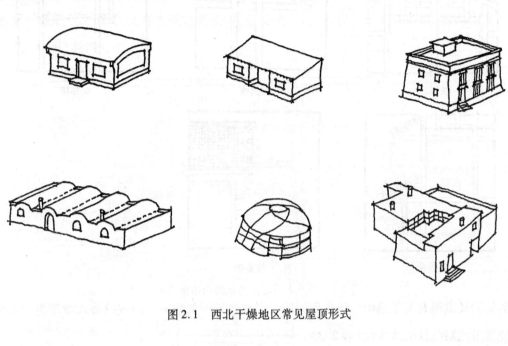

图2.1　西北干燥地区常见屋顶形式

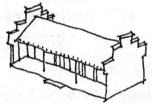

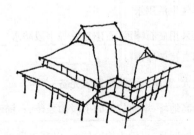

图2.2　南方多雨地区常见屋顶形式

　　另外,降水量的多少还影响到建筑地面的处理,特别是在多雨地区,传统民居要采用提高房基,铺设防水、防渗性能较好的地面材料及将底层架空等构筑措施来防水、防潮。干栏式建筑就能很好地适应湿热气候:底层架空有利于建筑排水、排涝和通风透气,大坡屋顶、深

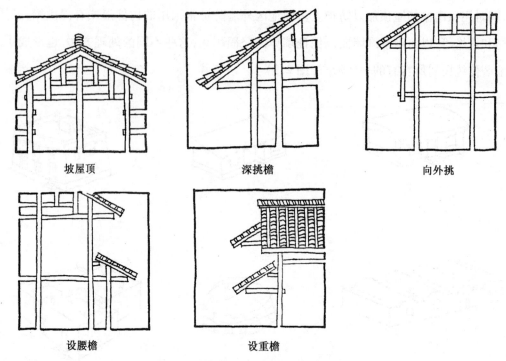

图2.3 南方多雨地区建筑防雨措施图解

远的挑檐及重檐有利于遮阳。傣族民居的干栏式建筑因气候差异出现的形式微差更加印证了建筑形式对气候的适应性(表2.2)。

表2.2 建筑与降水的关系

气候分区	建筑形态特征
严寒地区	1. 降水量较少地区多采用草泥材质平屋面 2. 多雪地区多采用大坡度屋顶,外檐出挑,避免雪水融化造成墙体腐蚀
寒冷地区	1. 屋面形式视降水多寡来定,平坡兼具 2. 庭院采用排水沟等手段组织排水,部分干旱地区利用窖井、渗井等存储雨水,可供饮用或作为其他生活用水 3. 建筑墙体常采用砖石镶面、石砌地基等手段防水
冬冷夏热地区	1. 建筑多采用有瓦坡屋顶 2. 屋顶出檐较大,庭院雨水收集系统完备 3. 建筑采用抬高地坪、墙角位置的手段加强砖、石铺地的防潮性能
夏热冬暖地区	1. 屋顶倾斜角度明显,出挑或披檐较大,以利于排水、防飘雨 2. 多采用外墙粉刷防水饰面、石造基础和密实墙裙等技术手段
温和地区	1. 干热地区由于降水稀少,建筑屋顶坡度较为平缓 2. 湿热地区坡屋顶较为陡峭,屋面设挑檐,避免雨水冲刷外墙

二、温度和湿度因素的影响

我国各地气温、湿度的差异也会反映到传统民居的形态上，见表2.3。

表2.3　建筑与温湿度的关系

气候分区	建筑形态特征
严寒地区	1. 建筑布局紧凑，低矮封闭，房屋朝向以正南正北方位为主 2. 墙体厚重，一般使用热阻大且具有一定蓄热性能的材料 3. 建筑仅南向设窗，其他方向不开窗或开小窗仅作为通风之用 4. 屋顶多为重型平屋面构造，室内取暖多依赖火炕这一传统形式
寒冷地区	1. 建筑布局、特征大体同严寒地区 2. 院落多为封闭型，南北方向的平面开口基本处在一条轴线上，以便营造夏季室内穿堂风 3. 建筑外墙厚重，屋顶多覆土，开窗小而少
冬冷夏热地区	1. 建筑布局多坐北面南，院落平面布置普遍采用敞厅、天井、通廊以及可在换季时灵活拆装的隔断，满足夏、冬两季温湿度需求 2. 建筑屋顶有平、坡两种形式，通过坡顶阁楼及平屋顶架空层等手段，达到夏季降温目的 3. 各地墙体多采用石材、生土和空斗砖墙，保证墙体隔热性能。同时视不同地区冬季时间的长短，考虑是否需要设置防寒防冻设施
夏热冬暖地区	1. 群落组合多使用高深天井、敞厅、趟拢、推拉天窗、檐廊、冷巷、气窗、风兜、通风屋脊等方式方法，缓解夏、秋季室内的闷热 2. 外墙一般采用热惰性较大的材料 3. 建筑无防寒防冻设施，庭院注重绿化
温和地区	1. 干热地区以防寒保暖为首要目标。平面布局较紧凑，墙体通常以土和石为主要材料，厚度较大且开窗稀少，可有效减少外墙热量获取 2. 湿热地区以防热通风为首要问题。房屋多为底部架空的干栏式建筑，建筑材料以竹木为主，外墙及地板均带有缝隙，有利于室内通风。坡屋顶倾斜角度较大且出檐深远，以达到遮阳效果

在我国的北方地区，冬季寒冷，虽然各地的寒冷程度不同、时间长短不同，但防寒、保暖都是这些地区传统民居需具备的一个主要功能。为了满足防寒、保暖的需要，建筑物多向院内开窗，其中南窗宽大，以便接收更多的阳光。住宅封闭性较好，房屋进深较小，高度也不大，以紧缩室内空间。室内普遍设有火炕、火墙，屋顶厚度可达20 cm，有吊顶顶棚，形成空气

防寒层。寒冷地区的风劲、雪大,厚实的墙体可以抵御寒风,保持屋内暖和。高耸的屋顶不易积雪,利于保护建筑物。

在传统民居中,防寒保暖的构筑措施归结起来有4种主要方式:第一种是紧缩平面,降低屋高的方法,以减少外墙的散热面积。所以北方传统民居体形都比较简洁,层高相对较低,如西藏民居的层高仅在2.2 m左右。第二种是封实的方法,以防止冷风的渗入和热量的散失,如使用好的绝热材料做围护结构、加厚外墙和屋面等。蒙古包便是根据气温的高低通过调整加盖或减少毛毡的层数来适应气候变化的实例。在冬天,有时要包毛毡4~8层之多,故在-40 ℃的冬天里,室内仍可温暖如春。窑洞民居也是尽量减少暴露在寒冷空气中的建筑表面积,同时利用地热保持冬季的室内温度。第三种方法是尽量多地吸收太阳的辐射热,因此北方传统民居常坐北朝南布置,且在南向开大窗以增加日照。最后一种方法是运用各种采暖的方法,如火炉、火墙、火炕、火地及壁炉等形式,这些采暖形式也会影响传统民居的形态。

而我国南方地处亚热带与热带地区,气候湿热,四季都无极端寒冷的天气,故这里的传统民居主要是考虑夏季气候条件进行构筑的。湿热地区的夏季气候特征表现为雨量大、湿度高、气温高、太阳辐射热强,在这里建造民居需要最大限度地遮阳和最小限度地吸热。在温度日差变化不大的情况下,贮存热量是无意义的,而且厚重的墙体也妨碍通风,所以湿热地区建筑的建造要求是保障遮阳、隔热和通风。

在传统民居中,遮阳和防雨构件常常是结合起来设置的,如前面所述的出檐、悬挑等防雨构件形式同时也起到遮阳的作用。隔热的原则与保暖方式相类似,只是热源在室外,而非室内,想要切断的热流方向也正好相反。传统民居解决隔热的方法也有很多,如采用双层屋面或空斗墙利用两层间夹的空气来起到隔热的效果;阁楼本身也是利用屋面与顶棚间的空气层进行隔热的一种方法。另外,还可以通过减少开窗的数目和开高窗的方法避免地面热辐射进入室内;而将建筑粉刷成白色或其他浅色以最大量反射掉辐射热,也是一种有效的方法。

通风是南方地区传统民居散热、降温的基本方法,它要求建筑开敞。在南方湿热地区的传统民居积累了许多通风的经验,如南方传统民居厅堂一般都力求高大和宽敞,前后留有活动门扇或做无门扇的敞厅,尽量设置天井以便形成穿堂风。另外还有一些方法可增加建筑的开敞程度,如屋面开气窗、设风兜,山尖、檐下留通风口,做双层屋面和通风屋脊,屋内设楼井、活动门窗等,处处争取有顺畅的通风,如江浙和广州地区,夏季闷热潮湿,对换气通风的要求很高,所以这些地区的传统民居建筑的门窗几乎都采用低的槛窗或形状长的格扇窗且开窗面积较大;朝向庭院一面的开间往往都是由可完全开启的门扇围合而成,可根据采光或通风的需要任意开启,使天井内新鲜的自然空气和室内空气频繁交换,起到换气降温的作用。此外,将底层架空也是加强建筑通风的一种方法,如傣族竹楼和侗族的干栏建筑(图2.4)。

湿热地区的传统民居建筑墙体相对单薄,门窗都开得较大,利于通风散热,可以保持屋内干爽。另外,湿热地区雨水多,所以要有较完备的排水系统。

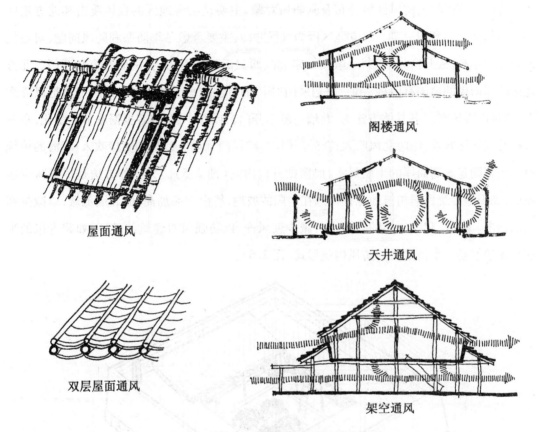

屋面通风

阁楼通风

天井通风

双层屋面通风

架空通风

图2.4　湿热地区的民居建筑通风措施图解

三、风速的影响

风、湿度、温度等气候要素常常综合影响建筑的形态。

在湿热地区,风是很受欢迎的有利因素,它可以增加空气对流,促进人体表面与空气的热交换,并且加速人体的蒸发散热,所以南方传统民居中会采用许多通风的方法,如广州传统民居有架空屋面的做法,即上下两层瓦之间形成架空层,起到隔热和通风的作用;而云南"一颗印"由于地处高原地区,日照好且多风,传统民居常外围高墙且多不开窗或开窗面积很小,用厚实的土坯砖或夯土筑成,或采用外砖内土的形式,俗称"金包银",形成紧凑、封闭的外观,厚而高的院墙既抵御了冷风的侵袭又阻挡了夏季强烈的日照,院内光照充足且空气流通也很好,因此建筑内侧通透,均向庭院内采光通风。而在寒冷地区,为了避免西北风的直吹,北方传统民居常采用一些方法阻隔风的影响,如北京四合院内设立的影壁。宅院内的影壁基本上有两种形式:一种是独立于厢房山墙或隔墙之间的独立影壁;另一种是在厢房的山墙上直接砌筑出影壁形状,使影壁与山墙连为一体的座山影壁。从生态角度考虑,影壁起到了屏障街巷风对庭院直接袭击的作用,使四合院内部能够保持相对稳定的小气候环境。

我国传统民居的防风区域分布及其防风对象,主要是沿海地区的台风袭击和北方地区冬季西伯利亚的寒潮侵袭。北方地区因为气候寒冷,主要考虑冬季防寒和防风问题,对空气流通要求不高,故开窗为"三封一敞",即东、北、西三面不开窗,只在南面开窗和开门。北方地区防寒防风的措施有两种:第一种是采用"阻"的方法,《营造法式》中有:"室高足以辟润湿、边足以围风寒。"其具体方法为:北墙一般不开门窗或开小窗,或者根据季节的变化,在冬季把北窗洞堵塞住,以防北风吹入;在外房门添设"风门",防止冷风的直接吹入;青海的传统民居庄窠则建筑高而厚的土墙封实,而窗则开向内院(图2.5)。另一种方法是尽量减少迎风面,如山地传统民居构筑地点往往选在向阳的坡地,使南立面加高,而北墙低矮,以减少寒风的袭击。另外,建筑形体的处理也可减少迎风面,以防强风对建筑的破坏,如蒙古包的半球形屋顶便是一个极成功的防风构筑形式(图2.6)。

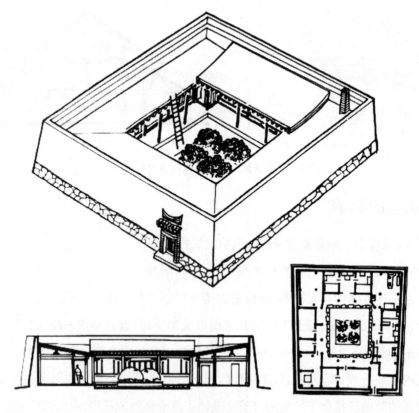

图2.5　青海东部民居——庄窠

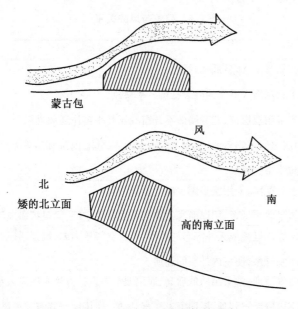

图2.6　北方民居防风构筑形式

　　在沿海地区,台风对建筑具有破坏性,如浙南地区夏季多台风,台风伴随着强风与暴雨,对建筑立面、屋顶产生巨大的风压负荷,强大的压力使建筑稳定性较差的一侧产生变形,严重时可致建筑坍塌。因此沿海地区的传统民居从结构与构造上都要考虑防风的问题。据《澎湖县志》记载"渔村建筑,其屋高不过一丈一二尺者(指坡顶正脊高),非为省工价,因海风猛烈,以防飘刮故而。"所以沿海传统民居建筑形态一般为:屋顶坡度较小,屋面少出檐甚至不出檐或密封檐口等;屋面用砖、石加压或用特制厚瓦,瓦下和瓦间填入灰浆黏固;而墙体多采用厚墙、实墙等。此地区传统民居为穿斗式木结构,建筑主体由多片穿斗式木构架与其之间的横梁组成,平面形制多为对称的一字型,有三开间、五开间、七开间等。此种穿斗式木构架在建筑纵向面上稳定性较好,而在建筑横向面上仅依靠少数横梁连接,结构稳定性弱。当山墙面受到台风风压与暴雨复合压力的作用下,建筑易左右摇晃,产生安全隐患。因此浙南地区传统民居通过在山墙面上加建与山墙垂直的穿斗式木结构,来提高建筑横向稳定性和防台风性能。在此结构上设披檐,既可防雨,增加山墙的使用寿命,又可遮阳,减少因西墙西晒带来的建筑能耗(表2.4)。

表2.4　建筑与风的关系

气候分区	建筑形态特征
严寒地区	1. 建筑布局紧凑,体量低矮封闭 2. 建筑多利用高大厚实的院墙抵御冬季寒风 3. 窗户多采用双层窗,北侧墙面不开窗或仅开小窗作通风之用 4. 正、厢房之间用拐角墙(风叉)连接,既可以分隔内院和后院空间,又可以挡住自北侧方向吹来的风
寒冷地区	1. 建筑坐北朝南,采用实多虚少的外围护结构 2. 建筑体量较为低矮,用厚而高的墙围合成院落空间,满足抵御风沙的需要
冬冷夏热地区	1. 通过设置内庭院或天井等布局手段,形成空气压力差,增强通风效果 2. 建筑厅堂开敞,使室内外空间连通
夏热冬暖地区	1. 为使空气流通,常采用前低后高、底层架空等设计方法来兜风入室 2. 建筑室内隔断不到顶,屋面上设气窗、风兜、通风屋脊等有效通风
温和地区	1. 干热地区建筑多以庭院或天井为中心,通过开敞空间解决室内通风问题。建筑形体紧凑,以适应大风天气 2. 湿热地区建筑材料多用竹和木,木或竹搭建的楼面留缝使凉爽空气自底层透入。屋顶多采用歇山式,利于顶部通风

四、日照的影响

日照通常是和建筑朝向联系在一起的。中国在建筑方位上讲求坐北朝南,主要是由于我国位于北半球中纬度,阳光大部分时间都是由南向北照射,尤其在冬天,太阳辐射热更有价值,故以坐北朝南为最佳选择。

在北方寒冷的冬天,太阳辐射热是备受欢迎的。故北方传统民居坐北朝南布置时,宽敞的院落可吸纳充足的太阳辐射热,同时建筑的南侧开窗极大,尽管这样的开窗方式会造成一定的热损失,但这部分热损的总量小于吸收的热量。由于太阳高度角小,为了吸纳更多太阳辐射热,避免院墙过高而遮挡阳光,北方传统民居院墙高度不超过屋脊高度。利用太阳高度角的这一特点,仅在北方地区出现,如北京四合院建筑结构布局在冬季有效地利用了太阳能采暖和抵御北风侵袭,同时屋顶设计也避免了夏季室内过热。而贵州等山地传统民居建筑则沿山地等高线布置,以适应地形环境为主,并不十分注重朝向,这是因为当地多雾,阳光辐射的影响较小。

关中地区夏季西晒严重,民居屋面半边盖,房屋后墙不开窗,高高的后墙刚好作为院落的围墙,屋脊高度即院墙高度,一般可达6~7 m,既可防止冬天寒风的吹入,也可遮挡夏季强烈的西晒。

在炎热地区,人们一般是不喜欢辐射热的,因此要力求避免太阳的直接辐射。由于南方地区太阳高度角大且夏季日照辐射强烈,一般民居院墙皆高出屋脊,这样对夏季防热起到一定作用,如傣族民居就其整个体型来说,屋顶已占据了二分之一。屋顶硕大、屋檐出挑深远的原因除使排水顺畅之外,对遮挡阳光也是十分有用的。大挑檐的处理使得住屋较长时间处在阴影笼罩下,大大减少了阳光直接照射墙板的时间。除此之外,为尽量减少照射面积,居住层墙面还做了由上至下稍微内收的倾斜处理,降低因外墙面照射升温后对室内温度的影响,同时为了减少环境辐射的影响,傣居的居住层墙面开窗很少,有的甚至不开窗。尽管这样的做法会使室内光线变暗,但从遮挡室外辐射的角度来看,却起着相当重要的作用。傣族传统民居这一套完整的构筑方法,形成了适应环境的自防热体系(图2.7)。而浙江传统民居(图2.8)布局一般较为紧凑,且为了避免夏季阳光直晒,建筑外墙上的窗户距离地面较高且开窗面积较小,而建筑内部的门窗尺度则较大。建筑注重遮阳及隔热,多采用出挑很深的檐部。此外,民居外墙多采用空斗墙,既能减少阳光辐射,又可隔绝空气热量。各气候分区的建筑与日照关系见表2.5。

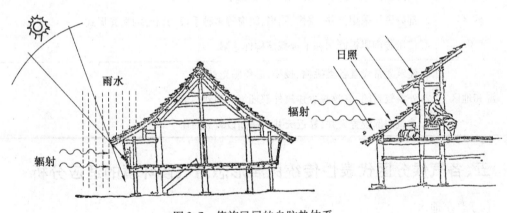

图2.7　傣族民居的自防热体系

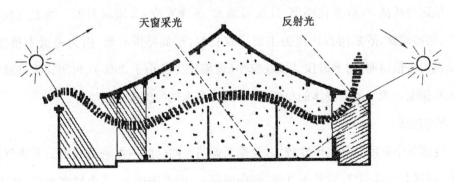

图2.8　浙江民居

表 2.5　建筑与日照的关系

气候分区	建筑形态特征
严寒地区	1. 建筑间距较大,院落多为东西向横长形式 2. 院落中主要建筑坐北朝南,正房多无耳房,厢房不遮挡正房 3. 建筑北墙不开窗,南向开大窗
寒冷地区	1. 采用横向宽形或天井式院落布局方式,建筑进深较小 2. 建筑北墙不开窗或开小高窗,南向开大窗 3. 挑檐长度较短,冬季可获得较多日照,夏季又可遮阳
冬冷夏热地区	1. 建筑外墙上不直接设窗,厅、房均通过天井直接或间接采光。部分地区采用天门、天眼、天窗等高位采光方式解决室内采光通风问题 2. 为避免夏季阳光直射过度,天井上空亦采用遮阳设施
夏热冬暖地区	1. 建筑多通过庭院和天井满足采光需求 2. 为防止西晒,建筑物西向扇窗面积较小 3. 部分民居采用天井、重檐、隔扇、漏窗等多种手段相结合的采光形式 4. 使用砖砌飘板遮阳和木板飘蓬构件遮阳
温和地区	1. 建筑通常设置各类挑檐、腰檐,避免阳光直晒 2. 外墙较封闭,有效减少建筑外部环境的强烈热辐射 3. 建筑内部设置天井,靠近天井的房间设较大门窗

五、各气候分区代表性传统民居形态对气候环境的适应分析

(1)严寒地区。

这一地区海拔高,气候变化剧烈,日夜温差大,冬季寒冷,太阳辐射强。加上气候干燥、雨量稀少、植被短缺,故采用石块作为主要建筑材料,形成外围石墙、内为密梁木楼层的楼房。传统民居多依山而建,平屋顶、厚墙、窗小(窗墙比一般小于20%)、封闭式天井或院落,以便防风和保温。为了减弱墙体的单调感,各层皆有木构的挑楼伸出墙外。

(2)寒冷地区。

这一地区冬季寒冷、干燥,风沙较大,夏季又偏热。四合院内可创造较舒适的微气候,具体做法为:房屋有垣墙包绕,对外不开敞,面向内院;一般不用楼房,主要居室朝南,在南向开大窗,北向只开小窗;有适当的挑檐,冬季可获得较多日照,夏季又可遮阳;庭院面积较大,院

内栽植花木,形成安逸闲适的居住环境。

(3)夏热冬冷地区。

这一地区是典型的温带干旱气候,夏季酷热、干燥,吹热风,冬季较寒冷,降水量少,降水率大,有少量冬雪,同时日照率高,云量少,气温变化急剧,年温差大。吐鲁番传统民居在布局上前、后房相连,附以厨房和马厩,围合成封闭的院落,这种内院式的密集族群布局,有冬暖夏凉的效果。吐鲁番传统民居一般有两层,保温隔热,土墙厚,少开窗,开小窗,多设地下室并设置"风兜",盛夏穴地而居。这种半地下居室其实就是建筑的底层,午间酷热难耐时,人们一般在半地下室避暑,早晨和傍晚多在葡萄架下的庭院或居室中活动,夜间喜欢在带通风间层的隔热屋顶平台或顶层廊下露宿。

(4)夏热冬暖地区。

岭南温热气候在一年之中"热长、冷短、风大、雨多",所以建筑的隔热、遮阳、通风、避湿、防台风的要求和处理,就形成了其建筑的特点。骑楼这种南方地区较常见的商住建筑一般为2~3层,第一层正面为柱廊,所有建筑用柱廊串联起来,就构成了公共的人行交通通道。骑楼的下面为商铺,上面为住宅,住宅向外突出,跨越人行步道,为顾客遮阳避雨,收到"暑行不汗身,雨行不濡履"的效果。建筑的通风、采光、给排水、交通依靠天井、厅堂和廊道解决,高墙窄巷使大部分地方处于建筑阴影内,深幽的天井有良好的抽风作用,开敞的廊道也有利于通风除湿。这种高建筑密度的布局手法看似不佳,实际上对于当地气候具有很强的适应性。

(5)温和地区。

云南西双版纳地处亚热带,常年气温偏高,年降雨量大。居住于此的傣族居民为适应当地潮湿多雨的气候条件,就地取材,用竹木建造了干栏式住宅:底层架空,四周无墙,只有几排柱子支承上面的重量;木或竹的楼面留缝,使较凉的空气从底层透入,改善微气候;底层一般用作厨房、畜圈和杂用,二楼储藏粮食,底层和二楼外墙不开窗,上两层为住房,向外开窗,内侧为廊,连通各间;设凉台,屋顶坡度较大,多采用歇山式以利屋顶通风,飘檐较远,重檐的形式有利于遮阳和防雨;平面呈四方块形,中央部分终日处于阴影区内,较为阴凉,是举行族人议事、婚丧行礼及其他公共性活动的场所(表2.6)。

表2.6　各民居院落形态对气候环境适应性分析

	吉林	北京	关中
院落图示			
气候	严寒地区。冬季漫长寒冷，夏季短暂凉爽	寒冷地区。冬季寒冷干燥，夏季炎热多雨，春季多风沙	寒冷地区。冬季寒冷，夏季炎热，日照足，受黄土风沙的影响
院落特征	院落宽敞，充分接纳太阳辐射。房屋分布分散，间距较远，每栋都可完全暴露在阳光下，避免处于相邻房屋形成的阴影中	中心庭院基本上为正方形，宽敞开阔，东西南北四个方向的房屋各自独立，拉开一定距离，以充分接收日照	南北纵长的窄院，比例可达1：3～1：4，既可缓解夏季的暴晒，又可形成良好的自然通风
	江浙	广州	云南
院落图示			
气候	夏热冬冷地区。冬季较冷，夏季炎热，雨量充沛，日照时间长	夏热冬暖地区。夏季太阳辐射强，因而高温、潮湿、多雨	温和地区。夏季酷暑多雨，太阳辐射强度高，风大
院落特征	庭院较北方地区大大缩小，房屋连接紧密，天井多呈横长方形，使南屋获得足够的日照，而东西房屋通风良好	平面组织更紧凑，多有廊、门、檐廊等过渡空间，屋顶和院墙产生的阴影可以使房屋尽量避免阳光直射	天井狭小，所有房间均朝向天井采光通风，外墙多小开窗，可阻挡高原大风侵袭

第二节 与地形环境的适应

我国国土面积辽阔,地形地貌繁复,有起伏的山脉、广阔的高原,四周群山环抱、中间低平的盆地,以及极目千里的平原和水网密布的河湖地带。由于地形的不同,相应的传统民居构筑方式与形式也不同。传统民居经过长期实践,积累了丰富的适应各种地形的建筑经验,我们把对传统民居的构筑形态影响较大的地形条件归为三类,即划分为平原区、水域区和山丘区。下面仅就临水和山地传统民居的一些构筑形态做一些总结。

一、临水

从地形地貌来讲,江南地区主要由平原、丘陵、水网构成,其境内水网纵横,主要由长江、太湖两大水系构成。从气候来讲,江南地区地处亚热带和东部沿海地区,主要受到冬夏季风的影响,属于典型的亚热带季风气候。从热量、降水、日照等气候要素看,江南地区独特的气候特点对于其地理环境与建筑特征的影响无疑是巨大的。其气候特点主要表现为以下几个方面:

(1)热量充足,冬温夏热。

由于纬度较低,加之海洋和众多水系的调节作用,热量条件较为优越。

(2)降水丰沛,雨热同季。

深受从太平洋吹来的东南季风的影响,降水丰沛。夏初的梅雨和夏秋的台风雨是主要的两段降水集中期。

(3)气候四季分明,冬夏长、春秋短,各具特色。

在江南具有代表性的地区——苏州,春季呈现"桃红柳绿菜花黄,江南一片好风光"的地形地貌。夏季,特别是梅雨过后的伏旱,是一年中气温最高的时段。秋季气温适中,秋高气爽,丹桂飘香。冬季,随着寒冷干燥的冬季风的南下,呈现出温和少雨的天气特征。

1.江南水乡传统民居总体布局形式

江南古镇的建置因水而成。江南地区河网稠密、港巷纵横,与河网的依存关系决定了古镇的建置特征为因河成街和因河成镇。古镇的布局依照河流的走向形成,大致可分为带形、十字形、星形和团形4种。

江南水乡居民的传统建筑在单体上以一、二层厅堂式结构住宅为多。为适应水乡的气候特点,住宅布局多采用穿堂、天井、院落的形式。建筑构造为瓦顶、空斗墙、观音兜山脊或者马头墙,形成了高低错落、粉墙黛瓦、庭院深邃的建筑群体风貌。

同时,小巷、小桥、驳岸、踏道、码头、石板路、水墙门、过街楼等富有水乡特色的建筑小品,也组成了一整套水乡人与自然和谐相处的良好居住环境。

(1)带形古镇。

带形古镇是以一条明显的主河道为主轴,平面形态呈一字长蛇型的古镇。古镇主要的商业及活动场所沿河而建,形成带形古镇的基本空间脉络,通过河、街、房的平行布置,形成虚实相间的线型空间。再以线型空间的并列和强化,形成古镇沿河地带强烈而独特的线型肌理。较为典型的带形古镇实例是乌镇(图2.9)。

图2.9　乌镇

乌镇临河吊脚水阁楼传统民居的形式为:水阁挑出河沿,下部以木柱或石柱支撑,充分占领水面以减少陆地上土地的占用,即所谓的“占水不占地”。因为在古代,河面没有陆地管理的严格,且靠近河边的人家多备有小船,在住房上搭起水阁,屋下留一个泊船的地方,不仅沿河有石级入水,而且水阁楼上还开启着尽量接近水面的长窗,充分体现了水乡居民的亲水情结。

(2)十字形古镇。

十字形古镇是以两条纵横交叉的河道为轴向四面发展,平面形态呈十字形的古镇。十字交叉的十字港或十字街是全镇的中心,古镇沿交叉的道路或河流向四面延伸。

南浔是典型的十字形古镇。镇名由来:北宋太平兴国三年(978),因滨溪遂称浔溪,一直沿用至南宋宁宗(1195—1224)朝;南宋理宗(1225—1264)文献记载"南林一聚落,而耕桑之富,甲于浙右",由于浔溪之南商贾云集,屋宇林立,遂称南林;至淳祐季年(1252)建镇,取南林、浔溪两名之首字,称南浔。南浔位于河网密布的江南水乡,建筑多以传统民居为主,整体气质灵秀平稳,以水路为脉络,外环内绕。古镇内河港交叉,构成十字河道,临水成街,因水成路,依河筑屋(图2.10)。

图2.10 南浔古镇

(3)星形古镇。

星形古镇是以多条河道为轴进行城镇建设发展,主次不太明显,平面形态呈多触角式向外伸展的古镇。镇的形态以多条河道的交汇点为中心,呈放射状。江南六大古镇中面积最大的西塘古镇就属于这一类型(图2.11)。

西塘古镇镇名由来:相传春秋时期吴国伍子胥兴水利、通盐运、开凿伍子塘、引胥山(现嘉善县西南)以北之水直抵境内,故西塘亦称胥塘;元代,这里因为水路四通八达渐成集市,至明清愈见兴盛。西塘古镇地势平坦、河流纵横,自然环境十分幽静。古镇依河而建,主要的十字河道成为全镇的骨架,南北向称三里塘,长830 m,最宽处约22 m;东西向的西塘港长1 200 m,宽20 m,其他河道都交汇于这两条主河。全镇面积约1 km²,镇上人口1.3万余人,古镇至今仍保存有完好的明清建筑群落。

(4)团形古镇。

团形古镇是河道呈网络状、平面形态呈团状的古镇。古镇内的道路、河流走向常常随势而弯,并不规范笔直,故而古镇纵横交错的街道、河流分割,呈现出密网式的团形布局。

团形古镇一般规模较大,水陆交通特别方便,经济相对发达。江南六大古镇之首,有"江南第一古镇之称"的周庄就属于这一类型。春秋战国时期,周庄境内为吴王少子摇的封地,

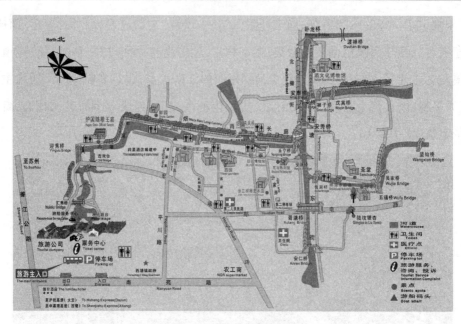

图2.11　西塘古镇总平面图

称摇城;北宋周迪功郎舍宅 200 余亩(1 亩约合 667 m²)捐于当地全福寺,始称周庄;元代中期,沈万三利用周庄镇北白蚬江水运之便,通番贸易,周庄因此成为其粮食、丝绸、陶瓷、手工艺品的集散地,遂为江南巨镇;至清康熙初年正式定名为周庄镇。周庄四面环水,犹如浮在水面上的一朵睡莲,北有宽阔的急水港、白蚬湖,南有南湖与淀山湖相连。南北市河、后港河、东漾河、中市河形成"井"字形,沿河两侧顺延成 8 条长街,粉墙黛瓦、花窗排门的房屋傍水而筑。镇内有河有街必有桥,周庄桥多是其特色之一。周庄古镇石板路铺就的街道两旁店铺林立,人来客往,街紧挨着河,尽得近水之便,街道不宽,最窄一段只有 2 m 多,临街全是店面,街道上空还有过街楼。沿街商店的老板很多是常住人口,店铺形式多为前店后宅或下店上宅。全镇 60% 以上的传统民居仍为明清建筑,仅有 0.4 km² 的古镇上有近百座古典宅院和 60 多个砖雕门楼。

2. 临水传统民居单体建筑形态与环境

沿河的区域,特别是在河道密布、溪流纵横的江南水乡,如何结合水体获取舒适的生活环境,是传统民居需要解决的重要问题。

众所周知,水是人类赖以生存不可缺少的重要物质,而生活在临水的环境,居民用水很方便,所以许多村落都是沿河发展起来的。无怪聚落地理学者一般都认为沿河的区域,往往是人口密度较高的地方。尽管临水环境会受到被洪水淹没的威胁,但采取一些特有的建筑构筑方式可以有效地适应这种环境。南方一些丰水地区的传统民居,在结合水体设计建造方面积累了丰富的经验,可归纳出 5 种类型。

(1)顺河岸而建。

江南水乡传统民居大多沿河岸而建,故有"家家尽枕河"的特有城镇风貌。由于居民都希望沿河岸盖房子,所以有时一户只能占有较短的河岸线,于是便形成了纵向和竖向发展的建筑构筑方式。此类建筑一般楼下为起居室,楼上做卧室,建筑布局十分紧凑(图 2.12)。

图 2.12　江南水乡民居

另外,有些沿河民居为了与河岸线统一协调,将建筑外墙顺河岸做成踞齿形或曲线形,如鄞州保存较完整的凤岙村古建筑群,其沿溪而建的两条凤岙老街,呈现出丁字形,并出现双街临河、前街后河的建筑风貌,其中清代或明代建造的以木结构为主的老房子沿凤岙溪及其支流呈丁字形伸向远方。

(2)伸入水中。

传统民居建筑的一部分延伸至河面,以争取更大的使用空间以及取得良好的通风效果。这种与水面结合的具体构筑方法有两种:一种是出挑。临河民居向水面出挑的方法很多,最简单的就是挑出一个平台或几步踏步;也有的是挑出靠背栏杆,以便夏季乘凉、冬季晒太阳;有时整栋房屋向河面挑出一段,挑出方式多数是用大型条石悬臂挑出。出挑较大者可以成为房屋空间的一部分,出挑小者则可以作为阳台或檐廊使用(图 2.13、2.14)。

另一种是采用吊脚楼。这种临水建筑的做法是利用木梁向河谷水平挑出,挑出大时再加以直柱或斜木支撑,可以节省房屋基地面积,且凌空架设通风也特别好。一般吊脚楼层高较低,外墙用竹笆抹灰或席子等较轻型材料用细木支架在水中。由于支柱截面小且呈圆形,同时承受上部屋宇荷载,因此不易被水冲毁(图 2.15、2.16)。吊脚楼与出挑形式相仿,也是房屋的一小部分悬于水面之上,只不过后者悬伸而出的部分,下面用木或石柱等附属物件支撑。

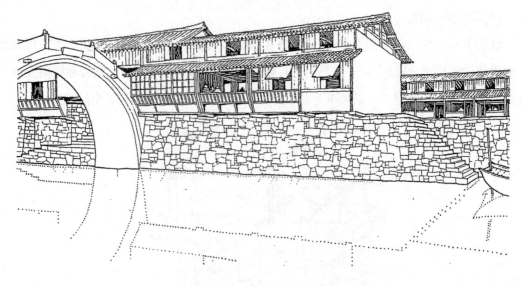

图 2.13 浙江鄞县临水建筑

图 2.14 福建永定某涧边民居

图 2.15　浙江吴兴南浔镇某宅

图 2.16　浙江东阳户宅镇某宅

凤凰古城吊脚楼(图2.17)大多分两层或三层,因为它的二、三楼和前檐部分用挑梁伸出屋基之外,形成了悬空吊脚,故称为吊脚楼。吊脚楼依山而建,后半部分靠山,直接落于地面;前半部分则以木柱支撑悬起,三面有走廊,悬出木质栏杆。木桩上都刷有防潮的桐油,并且加固在石头上,每隔几年还会定期更换,所以非常坚固。吊脚楼的每一层功能都不同:上层储谷,中层住人,下层围棚立圈、堆放杂物和饲养牲畜。吊脚楼为歇山顶、穿斗式木构架干栏建筑,一般用青瓦覆顶,也有用杉木皮盖顶的。

图 2.17   凤凰古城吊脚楼

乌镇是典型的江南水乡小镇,它的水阁和许多江南水乡小镇一样,街道、民居皆沿溪、河而造。乌镇与众不同的是沿河的民居有一部分延伸至河面,下面由木桩或石柱打在河床中,上架横梁,梁上搁木板,人称水阁。水阁是真正的"枕河",三面有窗,凭窗可观市河风光。从某种意义上来说,水阁是乌镇的灵气所在,有了水阁,乌镇的人与水更为亲密,乌镇的风貌更有韵味。水阁正是乌镇的魅力所在。虽然经历了两千多年的岁月沧桑,却完整地保存着晚清和民国时期水乡古镇的原有格局和风貌。

(3)跨流而建。

此类传统民居建筑的构筑方法有两种:一种是将建筑横跨在河的两岸之上,水从建筑下方流过;而另一种则是将底部架空或使用一部分,而让溪流从建筑中穿过。这种民居有时和桥结合在一起也具有通行的功能。

(4)水上民居。

这是在水中用木柱支撑的一种简易房屋,可以说是临河建筑的一种特殊类型,俗称水棚。水上民居多设在江河内湾或小溪侧边,用木板架成80~150 cm宽的水上街道,街道由岸边向水面伸出,长可达 200～300 m,渔民小船可直达住宅门口(图 2.18)。

图 2.18　广东斗门县水上民居

漳州龙海东园镇埭尾村四周绿水环绕,独特的地理位置使它物产丰饶,水路运输也十分便捷。镇内现存的埭美水上古民居始建于明朝景泰年间,目前共有 276 座规模宏大的红砖建筑,以硬山顶砖木结构为主,屋顶以曲线燕尾式为脊,红瓦屋面,石砌墙体,至今仍保存较为完整。建筑傍水而建,坐南朝北,是闽系红砖文化的杰出代表。

(5)退让式。

以退让式布置临水房屋时不求规整,不求紧凑,而应因势赋形、随宜而治、宜方则方、宜曲则曲、宜进则进、宜退则退,不过分改造地形原状。所谓“后退一步天地宽”“以歪就歪”,即对自然环境条件采取灵活变通的处理方法,让出背山面水、向阳开阔一面作为院坝或道路,为求得环境和谐而采用的一种相互避让的设计原则。

3.水乡传统民居特色

(1)水乡传统民居特有的平面特色。

为了使更多的人家可以临水而居,江南水乡传统民居都是纵向扩展,而极少横向扩展,并且在纵向扩展中,房屋的开间往往只有一间,形成单开间多进式的传统民居形式。缘水而筑、与水相依,并“贴水成街,就水成市”。因为水乡可建宅的土地面积很小,临水部分面积则更少,因而有“寸土寸金”之说,所以民居的规模不可能过大。这就导致庭院空间也因建筑占地面积的狭小而只能做成天井形式,天井是水乡民居纵向空间序列中不可缺少的元素。

（2）临水传统民居布局特点。

①网状布局。

曲折迂回的河流相互交错,将村镇分隔成若干块,各地块之间通过大量的小桥联系。河流与建筑虚实变化,形成家家户户临河的格局。

②背山面水。

村镇既临近水源,又地势高爽,可避免河道涨水被淹。建筑均规划布置在阳坡,避免处于山阴部分,夏日接纳南风,冬日接纳阳光,并用山来遮挡北面吹来的寒风。

③沿河线性布局。

主要有两种布局形式:一种是村镇沿河流的方向发展,通过多座桥梁来联系两岸;另一种是村镇沿主要道路发展,通过陆路交通的便利带来村镇的繁荣发展。

④两侧临水。

村镇常常选址在河流转弯处或两河交汇处,形成更大的亲水面,取水更加方便,水路交通联系更加紧密。

⑤沿等高线带形布局。

山地建筑沿等高线布置可减少土方量,临山下水源比较近,使交通、取水更加方便。

⑥放射性布局。

河流汇集处作为交通枢纽,成为村镇最繁华的地方,民居建筑围绕这个最热闹的中心区向四周发散。

（3）江南水乡建筑形象特点。

由于南方气候的炎热和潮湿,江南传统民居多设计为墙壁高、开间大、前后门贯通、便于换气的二层楼房,底层是砖结构,上层是木结构。南方地区地形复杂,住宅院落很小,四周房屋连成一体,组合比较灵活,适合于南方的气候条件和起伏不平的地形。江南水乡房屋的山墙多是马头墙。在古代,人口密集的一些南方城市,这种高出屋顶的山墙,确实能起到防火的作用,同时也起到了一种很好的装饰作用,如今这种马头墙已经成为江南乃至中国建筑的一大特点。南方一年四季花红柳绿,环境颜色丰富多彩,传统民居建筑外墙颜色多用白色,利于反射阳光,建筑粉墙黛瓦,颜色素雅一些,特别是在夏季能给人以清爽宜人的感觉,让人们在炎热和烦躁中平静下来。再则,南方水资源较为丰富,小河从临水建筑的门前屋后轻轻流过,取水非常方便,可直接用来饮用和洗涤,且水又是中国南方传统民居特有的景致,水围绕着民居,民居因水有了灵气。

江南传统民居总的面貌是:平房楼房相掺,山墙各式各样,形成小巷和水巷,驳岸上有高低起伏、错落有致的景观,建筑造型轻巧简洁,虚实有致,色彩淡雅,因地制宜,临河贴水,空间轮廓柔和而富有美感。因此,常被人称之为"粉墙黛瓦""小桥流水人家"。可能许多人一想到江南传统民居就会单单与太湖周边城镇的水乡民居相联系,如苏州的周庄,其实江南传统民居不仅仅只包括太湖周边城镇的水乡民居,还包含分布于广大江南地区村落中的乡土传统民居,其建筑特点与城镇水乡民居基本相同。

同时,说起江南传统民居就不能不讲到徽州建筑文化对江浙一带的影响。古代徽州建筑在成型的过程中,受到独特的地理环境和人文观念的影响,显示出较鲜明的区域特色,在造型、功能、装饰、结构等诸多方面自成一格。明中叶以后,随着徽州乡绅和商业集团势力的崛起,徽派园林和宅居建筑亦同步跨出徽州本土,在江南各大城镇扎根落户,如江苏的苏州和金陵,浙江的杭州、金华等地,都是徽式建筑相对密集的城市。徽派建筑是中国古代社会后期发展较成熟的一大古建流派,它的工艺特征和造型风格、特色风格主要体现在民居、祠庙、牌坊和园林等建筑实物中。作为设计和实施者,江南民间的"徽州帮"匠师团队对这一流派的形成起了重要作用。徽派建筑在今天仍然充满生机,在大江南北,徽式新建筑群时常可见。作为一个传统建筑流派,融古雅、简洁与富丽于一身的徽式建筑仍然保持着独有的艺术风采。

(4)水乡传统民居结构特点。

江南传统民居普遍的平面布局方式和北方的四合院大致相同,只是一般布置更加紧凑,屋顶结构也比北方住宅薄,院落占地面积较小,以适应当地人口密度较高、要求少占农田的特点。住宅的大门多开在院落中轴线上,迎面正房为大厅,后面院内常建二层楼房,由四合房围成的小院子统称为天井,仅作采光和排水用。因为屋顶内侧坡的雨水从四面流入天井,所以这种住宅布局俗称四水归堂。江南传统民居的结构形式多为穿斗式木构架结构,不用梁,而以柱直接承重,外围砌较薄的空斗墙或者抹灰墙,墙面多粉刷白色,墙底部常砌片石,室内地面也铺石板,以起到防潮作用。厅堂内部可根据使用目的的不同,用传统的罩、木格扇、屏门等自由分隔空间。梁架仅加少量精致的雕刻。房屋外部的木构部分用褐、黑、墨绿等颜色粉刷,与白墙、灰瓦相映,色调雅素明净,与周围自然环境结合起来,形成景色如画的水乡风貌。

(5)水乡传统民居取材特点。

江南传统民居的建筑材料大都选用当地盛产的竹、木和砖石,就地取材,价廉物美,属于低能耗的建材。这些材料色泽淡雅宜人,易形成"粉墙黛瓦"、别具一格的视觉效果。从木构架用料来看,江南传统民居主要选择当地优质木材,先经过干燥处理,再利用松节油、蓖麻油和樟脑油做防腐防虫处理,在一定程度上解决了木材易腐蚀的问题。从屋面的用料来看,建筑多用青瓦相扣铺就,对防漏的砌筑技术要求很高,瓦片较北方地区薄。从墙体用料来看,江南传统民居外墙多采用砖砌空心墙,也有用木板围就的,砌筑时与木构架间留出空气层,以隔离外界传热和室内散热,既可保持室内温度,又提高了居住环境的舒适度;室内分隔墙则采用芦苇编篱为支撑,表面敷以石灰和素土来防蛀。从铺地的用料来看,采用青石或用三合土掺野藤汁铺就,夯实后既坚固又能防潮和防白蚁。此外,还有铺地的防潮措施,即用装满石灰和木炭的瓷坛,倒置深埋地下。

二、山地环境

我国有许多山区和丘陵地带,复杂的地形地貌给传统民居的营建带来了许多困难。因此,如何在有限的地段上、地形的变换中,最大限度地结合地形、开拓场地、利用空间和改善环境是传统山地民居与平原水浜地带传统民居具有不同特征的一个基本原因。

1.建造方法

传统山地民居正是因地制宜建房而显现出多姿多彩建筑形态的一种建筑形式(表2.7)。这类民居的构筑形式自成一格,和谐而严谨,形成12种适应地形的常用手法,即台、吊、坡、拖、梭、靠、跨、架、错、分、合、挑。在塑造地形与建筑空间形态上体现出"借天不借地""天平地不平"的特点。"借天不借地"即指在起伏地形上建造房屋应尽量少接地,减少对地面的损害,力求开拓上部空间,如吊脚、架空等建筑形式。"天平地不平"即指房屋的底面力求随倾斜的地形变化而变化,减少改变地形,如形成错层、掉层、附崖等建筑形式。

表2.7　山地聚落选址

基本原则	主要特征
依山向阳 灵活布局	1.聚落多据山、峁、沟壑地形,避开岩石层和泥石流及其他山体易滑坡地段,依坡就势布局
	2.建筑通常布置在向阳坡面一侧,随山顺势,随地形变化而变化,布局前低后高,有利于采光通风
近水选址 排水通畅	1.聚落环境构建必须拥有充沛水源,满足人畜饮水、农业耕种之用,如干旱地区山地聚落选址多在山腰,即意图兼顾耕作、防洪及汲水三利
	2.聚落选址、建筑布局尚需考虑雨季,尤其是山洪较大时的行洪便利,避免产生洪涝灾害以及由此引发的次生灾害
利用地形 有利防御	山地聚落规划布局大多因借自然地形、地势进行有效自然防卫

我国传统民居在结合山地地形上积累了许多宝贵的经验,其立足点一般不是偏重于改造,而是因借。无论是岗、阜、谷、脊、坎、坡、壁等都因势利导,化不利为有利,顺其自然而建,产生了许多与各种复杂地形相适应的形态(图2.19)。下面对这些构筑方法进行分述。

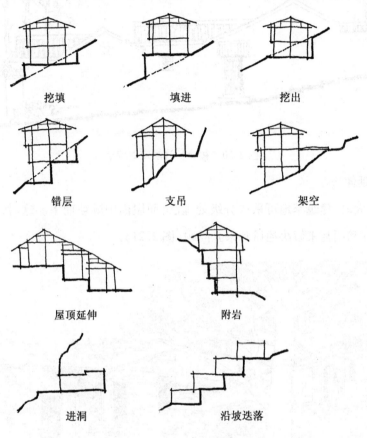

图2.19 山地民居构筑方法

(1)依坡法。

在缓坡地上建房,可尽量不动天然地表,建筑往往顺着自然坡度而建,可通过在室内地坪上调整高低,或利用层层相套的院落来调整高低,使建筑的外观与坡地协调(图2.20)。

浙江传统民居多利用山坡河畔而建,既适应复杂的自然地形、节约了耕地,又创造了良好的居住环境。根据气候特点和生产、生活的需要,住宅普遍采用合院、敞厅、天井、通廊等形式,使内外空间既有联系又有分隔,构成开敞通透的空间布局。在形体上合理运用材料、结构以及一些艺术加工手法,给人一种朴素自然的感觉,如兰溪诸葛村的村落选址及其建造很符合堪舆学所倡导的居住理念,"枕山、环水、面屏"的地势正是人们普遍认同的风水宝地的最基本条件,至今这里仍保持了数百年前的地形地貌。

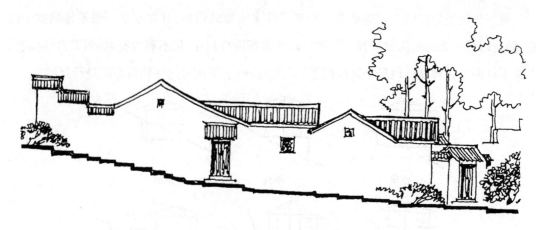

图 2.20　福建长汀洪家巷罗宅

（2）屋面延伸法。

当坡度较大时，建筑基地可采取分级处理法，而屋面则顺坡而下。这时，在长坡屋上通常用气窗、天井和明瓦来解决通风和采光问题（图 2.21）。

图 2.21　浙江杭州某宅

（3）拖檐法。

厢房较长时可以分几段顺坡筑台，一间一台或几间一台，好似一段拖着一段，每段屋顶和地坪都在不同标高上，有的层层下拖若干间。也可以保持各间地坪标高相同，而前段屋顶高度逐间降低，这种拖法叫"牛喝水"，也称为拖厢。有的房屋将后檐随进深拉长，甚至顺坡延展覆盖到紧邻的附属建筑上，此种屋面做法称为拖檐。

（4）沿坡筑台法。

当基地受到坡地限制而面积不足时，为拓展台地，采用沿坡筑台法将山坡沿等高线整理成不同高度的台地，采用毛石或条石砌筑堡坎或挡土墙，形成较大台面，可直接作为地基在上面建房，也可作为院坝等场地使用。垒台的方法一般有挖进式、填出式和挖填式3种。根据不同地区的特点，选用的筑台形式也不同。在坡度较大的地段，形成高大筑台，特别壮观；而坡度较缓时，采取半挖半填的方式，土石方量基本平衡，十分经济。

贵州山区传统民居多采取挖填法，因为这里山上覆土较少，而岩石多为石灰岩，硬度适中，易于开采，材质也较均匀，是一种宜于就地取用的好材料，因此，当地建房多就地取自家屋基范围内山坡岩层中的石块，这样不仅平整了部分建屋地基，同时采出的岩石就是就地取材的建筑材料，而采石时的碎渣可以铺填方区域，这样就取得了较为完整的建屋台地（图2.22）。

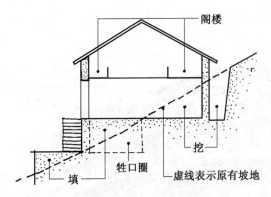

图2.22 "挖""取""填"体系示意剖面

而甘肃藏居一般则采用挖出式，用挖出的土砌筑民居的墙壁和屋面，并可利用一面土壁作为房屋的墙壁，既减少了砌墙土方量，又可保暖节能，因坡就势。

另外，沿坡筑台法也可以将建筑分层建在几个不同的台地上，建筑迭落而下，与地形密切结合（图2.23）。

（5）错开法。

为适应各种不规则的地形，房屋布置及组合关系在平面上可前后左右错开，在竖向空间

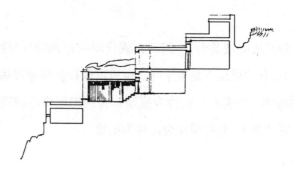

图 2.23　甘肃藏族山地民居

上可高低上下错开。有时台地边界不齐,房屋以错开手法随曲合方,或以方补缺。这种前后错、上下错的机动灵活的设计手法往往使建筑组群产生错落有致的效果。

(6)支吊法。

这种方法多适用于陡坡或岩壁等一些复杂的地形上,建筑出挑很大,下面用木柱支撑着伸出的楼面。如重庆山地民居就常用吊脚楼的形式,在陡坡地,甚至能在几乎垂直的陡坡上架立房屋,形成独特的风格(图 2.24)。而桂北山区民居也有类似的方法,采用底层架空,或利用一面崖做成"半面楼"的形式(图 2.25)。这种下部架空的山地民居,不仅能适应各种复杂的地形,同时也与当地的气候特点相协调,西南地区气候湿热,住宅下部架空可避潮、加强通风,逢有山洪也有利疏溢。依靠崖壁的住宅,不仅省去一堵墙壁,还可利用崖壁的地温在夏季对室内温度起一定的调节作用。

图 2.24　重庆望龙门外吊脚楼民居

峭壁岩坎地段,房屋或附崖跌下可达 2~3 层,整个建筑楼面,或大部分建于崖顶平面,少部分悬挑吊脚,均可建造起来。对不规则、不完整、起伏变化的地形,用调整楼地面比例的手法也能应对自如。从侧立面看,"半边楼"是纵向一半房屋下吊为楼的形式。针对地形现状,可利用不完整地形中某些凸起部位作为依托,设置屋地面部分,而将其余部分,或一间,或半间,灵活地下吊为楼。

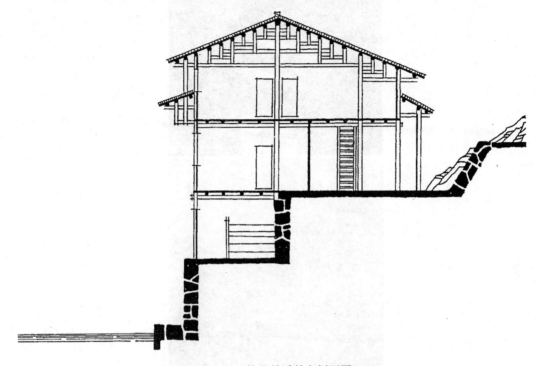

图 2.25　桂北林溪某宅剖面图

（7）干栏式。

此种方式与支吊法相似,区别在于吊脚楼是半楼半地,房屋一部分依托台地而建,另一部分呈楼面悬吊而下,是半干栏方式;而架空则为全干栏方式,即整幢房屋由支柱层架托支撑或高或低把底层架空,如各地的骑楼,采用底层全然架空的形式用于通行,也有利于通风或防潮。

（8）附崖法。

此方法建造的建筑紧贴山体崖壁,横枋插入崖体嵌牢,房屋及楼面略微内倾,或层层内敛,整幢建筑似乎靠在崖壁上,所以也称附崖式建筑。此种建筑形式,崖体成为建筑不可分割的一部分,常表现为山崖有多高,房屋就有多高。这种附崖式建筑最典型的代表作就是清代所建的忠县石宝寨,附崖高达 12 层,迄今仍岿然不动（图 2.26）。

图 2.26　忠县石宝寨

（9）岩洞法。

利用岩洞空间建房，或将其作为生活居住环境的一部分，与房屋空间结合使用，也是别有洞天。这种进洞的岩居方式在山区曾十分流行，至今还有一些山区人家保持这种居住方式。还有一种形式是沿梯道从外面"钻入"房屋。因台地较高，房屋前的长台阶巧妙地将其直接伸入房屋内部空间再沿梯道而上，形成十分特别的入口形式。

（10）连通式。

鉴于山地聚落的自由性和松散性特点，不论宅院组群或场镇聚落，为加强相互间的联系，常采用各种生动活泼、因地制宜的联系方式，如各种梯道、盘山小径、檐廊、桥涵、走道、过街楼等，以形成有机组合的整体。特别值得一提的是，利用小青瓦屋面来连接整个建筑组群是别出心裁的手法。无论多么庞大复杂、自由变化的多天井院落，它们的屋顶总是尽量相互连接成一片，使这些单体建筑或院落，无论个数，也无论规则或不规则，都融合成一个整体。许多大型山地四合院民居都是如此。

2. 接地形式

(1) 直接式。

直接式山地建筑的地面大部分或全部与自然地表接触,其设计形式有 3 种:其一为倾斜型,通过"加法"提高勒脚,设置建筑于其上。其特征是山体地表基本保持原来倾斜特征不变,建筑坐落于勒脚层之上。其二为阶梯型(台地),通过局部切削,使建筑布局适应山势。阶梯型建筑又可分为 4 种类型:错层,同一建筑内部各空间做成不同标高的地面,尽量适应地面坡度变化,形成错层;掉层,房屋基地随地形筑成阶梯式,使高差等于一层、一层半或两层,这样不仅避免了基地平整时的大规模动土,同时还形成了不同面层的使用空间;跌落,以开间或整幢房屋为单位,顺坡就势跌落,这种手法往往可以创造出建筑屋顶层层下降、山墙节节升高的景象;附岩,在断崖或地势高差较大的地段建房,常将房屋附在崖壁上修建,一般也将崖壁组织到建筑中去,省去了一面墙。其三为内侵型,完全通过"减法"挖掘山体,获得建筑使用空间。其特征是建筑整个形体位于地表以内,对于山地地表的破坏相对减少,这种方法对建筑节能十分有利,建筑能获得冬暖夏凉的效果。

(2) 间接式。

间接式山地建筑地面与自然地表完全或局部脱离,仅以柱子或建筑局部支撑建筑的全部荷载。由于建筑与自然地表的接触部分缩小到了点状的柱子或建筑的局部,因此该类型建筑对地形的变化可以有很强的适应能力,对山体地表环境影响较小。间接式山地建筑根据其在地面的架空程度,又可分为架空和吊脚两种类型。架空式建筑底部与自然地表完全脱离,用柱子支撑;吊脚式建筑底部一部分坐落于地表,另一部分为架空的柱子所支撑,如重庆的吊脚楼民居。重庆多陡坡、峭壁、悬崖、坡地,居民在利用地形、争取居住空间方面积累了丰富的经验,他们巧妙地利用地形,将建筑纳于环境设计之中。吊脚楼在功能上满足生活的要求,在构造上是结合地形的佳作。吊脚楼依山临水而建,在苛刻的自然条件限制下拔地而起,淡薄了正统的建筑观念,也不讲究轴线对称和中心等,随坡就坎、随曲就折,山崖成为楼体的支撑,建筑依坡而建,平面灵活自由,形体错落多变,建筑对内对外均为开敞。内部空间十分紧凑,布置自由,利用率很高。吊脚楼这种随意布置不受任何规矩的约束,道法自然,强调建筑造型与山地空间环境之间的自然平衡,充分利用山地自然空间,形成了千变万化的建筑风格。

第三节　与地方材料的结合

传统民居在建造中都能尽量就地取材、节省经费,因而房屋最能反映出不同地域的自然环境特色。石材是许多山区最廉价的建筑材料,可就地取用;平原地区,土是重要的建筑材料。另外,根据不同地区的资源分布,竹木甚至草类、高粱秆也都可以用作建房的材料。不同的地方材料有不同的色彩与质感,如配合得当,可取得活泼、丰富与美观的外部效果。

由于地域的气候、土壤、植物的影响,天然建筑材料的分布也有地区性差别。如黄土高原地区深厚的黄土层、各地区的森林资源、亚热带地区的竹材、山区的各种石材等。不同种类建筑材料的运用,都会直接影响到传统民居的形态。

有时尽管建筑平面形式和内部结构有其共同特点,但由于运用了不同的建筑材料,外部特征也往往千差万别,各具特色。因为传统民居承重结构以木构架形式为主,所以本书仅就其围护构件在运用各种地方材料而形成不同的建筑形态方面加以总结。

一、土筑

传说中女娲用土创造了世间万物,因此土被视为生命的起源,得到人们的重视。从原始时期的穴居,到后来的半穴居,再到最后的地面建筑,在这个漫长而又艰辛的建筑发展历程中,土这一材料起到了功不可没的作用。早在新石器时代,人们就已经懂得土的夯筑技术,即一块块地拍打或摊成泥片切割使用。秦汉时期的夯土技术已经非常纯熟,房屋建筑一般都以土台作为基底,重要建筑的墙体都用夯土砌筑而成。到了明清时期,夯土技术已广泛应用于民间。陕北的窑洞、客家土楼、彝族土掌房等,都是以土为主要材料的传统民居建筑。

土筑墙做法分为夯土、土坯结合墙。夯土墙是中国最古老的墙壁形式之一,历史上在以西安为中心的广大关中地区曾大量使用。夯土是以木框为模,模内放土,用杵分层捣实的做法,又称为“版筑”。一般用黏土或灰土,也有用土、砂、石灰加碎砖或植物枝条的。在刘敦桢20世纪50年代所著的《中国住宅概说》中举例提到的西安市耿宅便可明显地看出其夯土墙做法。笔者在调研中发现,在哈尔滨西部地区的郊县、农村,虽无新建夯土墙民居,但使用传统做法建造的夯土墙民居仍有广泛的遗存,甚至有些仍在使用。对这类民居,《陕西民居》一书中有所描述:“夯土和土坯结合一般做法是下部墙体(约为墙高的2/5或3/5)做夯土墙,上部砌土坯,每隔3~4层土坯砌一层青砖加固墙体。”土坯墙外抹麦草泥,青砖外露形成蓝灰色的水平条带。在夯土墙与上段土坯墙的交接处,因厚度不同形成台阶,台阶卧以草泥,上铺小青瓦做披水保护下部墙体不受雨水侵蚀。有时房屋的夯土墙与院墙连成一体,外露的青砖条带和小青瓦披水使高大的墙体显得平稳舒展。同时由于材料的质感和色彩不同形成对比,使朴实的建筑外观不感到单调。

1. 生土建筑建造工艺

(1)土壤预处理。

生土挖出后需敲碎研细,并放置一段时间使其发酵,提高其和易性。

(2)混合辅料。

建造师一般在生土中加入砂、灰土等以达到最优含水率,也有的加入芦苇、麻绳等植物纤维。夯筑过程中每隔一定距离放入横木或木杆提高其强度,或在横竹之间以竹篾或竹片加以连接。在墙体顶部以砖或瓦覆盖,以防止雨水冲刷,同时起到抗风的作用。

(3)密梁夯土平顶。

结构主梁上排直径 15~20 cm 细檩条,檩上交叉铺设草料或石料垫层,然后筑土顶。土顶夯筑应分多层处理,一般上层土质颗粒较下层细腻。夯筑平实后,需在土顶表面做防水处理(个别地区采用细密的土拌和酥油压实的方法做防水屋面)。

2. 生土建筑类型及施工特点

(1)夯土建筑。

施工中将拌和好的生土填入以木板等固定好的木槽中,用工具夯实,然后拆除下层木板,移至上层固定,如此往复,砌成墙体。夯筑需要多人连续不断地同时操作,在沿所有墙体整个砌筑完一圈后方可停顿,否则会因墙体间相互联系不好而降低墙体质量。夯土墙体厚度一般为 400~1 200 mm。

闽西土楼作为生土建筑,体现了人在利用自然进行发展的同时,尽可能减少对自然的破坏的建造理念。土楼建造不用烧砖、不毁耕地,取之于土,还之于土。具有厚土墙的生土建筑在建筑热工学上有一定的优点,如蓄热能力强、热阻大,因而土楼室内环境冬暖夏凉,无论酷暑严寒,总给人四季如春的感觉(图 2.27)。

浙江一带则使用大型夯土块做墙体,土块宽 80~100 cm,高 100~160 cm,水平方向上相邻两块之间的联系是一块筑好后,再在侧面挖一条凹槽,等第二块筑好后,两块之间就形成了企口缝,而竖直方向板块间的垂直缝则要错开砌筑。夯土墙横向的缝痕加上泥土柔和的色调和质感,形成土墙粗犷、质朴的外观(图 2.28)。

(2)土坯建筑。

土坯的做法是用泥土加水(有时也加草筋)拌和至糊状,浸泡一定时日后,压实,待蒸发至一定程度后,放入模胚中定型、风干即可。土坯的尺寸不宜过大、过厚。土坯墙的砌筑可

图 2.27 闽西土楼

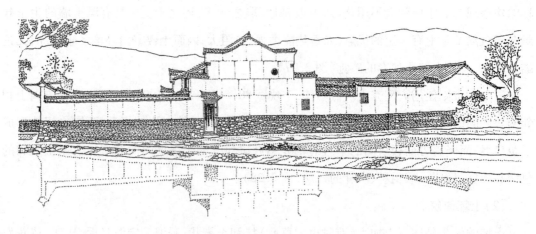

图 2.28 浙江丽水大型夯土块住宅

采用挤浆法、刮浆法、铺浆法等，不能使用灌浆法。砌筑方法一般为顺砖与丁砖交替砌筑，错缝搭接。每天砌筑的高度不宜超过2 m。

（3）黄土窑洞。

洞室拱体多采用直墙半圆拱与直墙割圆拱，也有平头拱等。窑洞跨度一般为3～4 m，高度一般为跨度的0.71～1.15倍，两孔窑间壁一般等于洞跨，以保持土的承载能力和稳定性。下沉式窑洞需沿边先开挖3 m宽的深槽至6 m深的预定地面处，修整外侧做窑脸的土壁，待土壁晾干后再挖窑。

3.土筑围护构件分类

用土做建筑材料建造的住宅是传统民居最常见的形式，形成这一现象的主要原因是土可就地取用、价格低廉、构筑也十分方便，虽有强度不同、易吸水、软化等不足之处，但却具有良好的保温隔热性能，所以在全国各地使用十分广泛，特别是在干旱和半干旱地区使用更为普遍。由于土质结构、构筑技艺和生活习惯的不同，土筑围护构件可分为以下几种类型。

（1）夯土墙（也称板筑墙）。

夯土墙是种古老的构筑方法，在全国许多地方都有使用。其施工方法是在土墙两边设V型支撑，约2 m长划分为一段，从底到顶由80 cm宽到30 cm宽逐渐收分。两侧的棍模或椽模用绳子捆在一起做侧模（也可以用木板代替木棍或椽子），把土填入侧模之间的空间加以夯打。常常按每2 m长分段施工，分层夯实，夯好一板后，再移动模板，这样一板板夯筑，直至需要的高度。

夯土墙因各地土质不同，夯筑方法也有区别。东北西部碱土地带使用碱土夯筑，因碱土较密实，可直接夯筑，且十分坚实。福建等地的夯土墙是将新挖出的黏土放置一两年后，待黏度合适再夯制。一些土质不好的地区，则需在夯土墙中加筋，如竹片或木棍等（图2.29）。

（2）土坯墙。

土坯墙用土坯砌筑，因土坯可就地制作，且做法简单，经济实用，故在各地适用范围较广。

土坯通常是由黏土、碎草胶搅和在一起，装入模具内拓成原型，经晒干而制成的。其尺寸各地不同（表2.8）。

另外还有一种岱土块，即在低洼地带或水甸子里的土半干后，将土挖成方块，晒干之后当作土坯。因为水甸子里草长得很多，草根很长，深入土内盘结如丝，与之成为整体，所以非常牢固。将带草根子的土切成方块取出，用它来砌墙，不仅墙体非常坚固，还能省去制造土坯的时间，可以说是最经济的地方建筑材料之一。

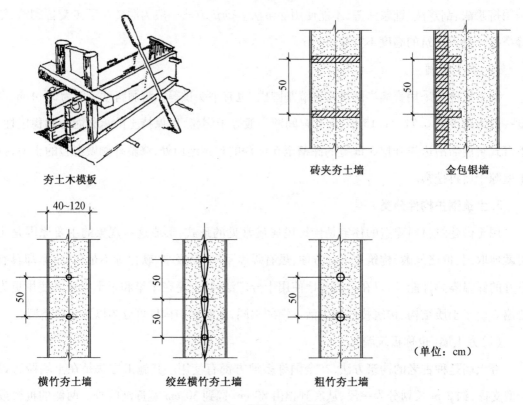

夯土木模板　　　　　　　　　砖夹夯土墙　　　　　　金包银墙

40~120

50　　　　　　50　　　　　　50

（单位：cm）

横竹夯土墙　　　　　　绞丝横竹夯土墙　　　　　　粗竹夯土墙

图 2.29　各种夯土墙做法

表 2.8　各地土坯尺寸

地点	土坯尺寸(cm×cm×cm)	加料筋	备注
吉林	24×18×5	加羊角	吉林筏子块 40 cm×22 cm×15 cm
辽宁	26×18×5	加羊角	
北京	30×19×7	加草	
湖南	30×24×7.5	加草根	
云南	39.5×28×10	加草	可砌三层土楼
四川	38×26×9	干打	
河南	36×18×6	加草	
山西	38×18×6	纯土	
新疆	39×25×18	纯土、干打	可砌土楼及拱

　　土坯墙需要分层垒砌,并要错缝。使用有同样成分的泥浆做黏结材料,砌成后墙面要抹面,南方地区还把土墙刷成白色,在保护土墙的同时还能减少吸热(图2.30)。

　　(3)土屋面。

　　土屋面常见于干旱地区的平屋顶上。一般纯土屋面的防渗水性较差,所以各地土屋面民居都采用分层拍实再抹面的方法,如青海东部民居"庄窠"、云南土掌房及河北等地民居的土屋面处理都是如此。用防渗水性较好的土做屋面可减少分层,如碱土地区的碱土、西藏的

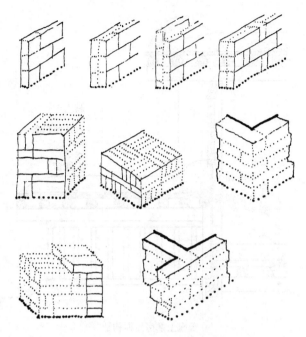

图2.30　土坯砖的砌筑方式

垩成土都有较好的防渗水性(图2.31)。而在新疆吐鲁番地区,气候炎热干燥,缺乏木材,但土质良好,故屋面多采用土坯砌券,上填平为顶的形式。

高寒山区的藏族土掌房民居,其土屋面突出防寒保暖功能。用黏性极强的夯土层等措施加强屋面构造。

山东地区,沿黄河两岸的鲁西和鲁北的黄河冲积式平原是华北大平原的一部分,那里地势平缓,但历史上由于黄河频繁改道、泛滥,导致该地域秋涝春旱、贫穷落后,住房条件较差。当地石、木、砖等建房材料都较贫乏,于是人们充分利用取之不尽的黄土来建造一种叫作囤顶(平屋顶或微坡平屋顶)的民居。依照房子墙体就地取材的不同,此类建筑又分为:囤顶土屋、囤顶砖屋、囤顶石屋等几种形式。这是一种充分利用房屋屋顶空间的生态型民居,可用来囤粮、晾晒粮食、防鼠患,还可纳凉歇息,是我国北方常见的民居形式。从辽宁南下河北到山东,沿渤海湾地区多有建造(图2.32)。

(4)生土窑。

我国有世界上面积最大的黄土高原,地跨山西、陕北、陇东、豫西等地,那里覆盖着深厚的黄土层。由于在气候干燥的条件下黄土稳定性好,在颗粒组成含水量适中的条件下,强度接近50号砖,加之当地木材缺乏,故挖土为窑。

窑洞的四壁和顶棚不是砌筑的,而是挖出来的,可谓天然的土壁。另外,挖出来的土也可以尽其所用(图2.33)。

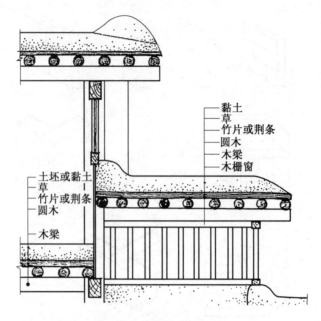

（a）云南土掌房屋面构造

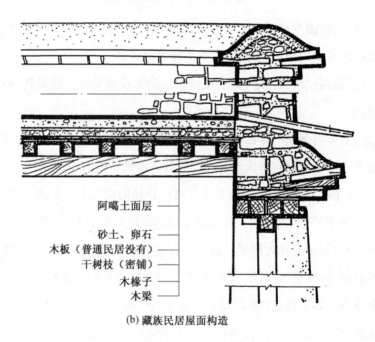

（b）藏族民居屋面构造

图2.31　传统民居土屋面构造示意图

　　砖窑，一般先用泥土烧制成砖，然后在松软的黄土地带上砌制成窑洞。石窑，大都是根据当地圈窑石料的质地、纹理和色泽而砌筑的，一般依山而建，坐北朝南，窑壁上往往雕、凿、刻出多种图案。窑洞不仅不占耕地、不破坏地形地貌，还有利于生态平衡。窑洞冬暖夏凉的优势可以节约能源，这也是北方汉族就地取材建造窑洞的一个重要原因。

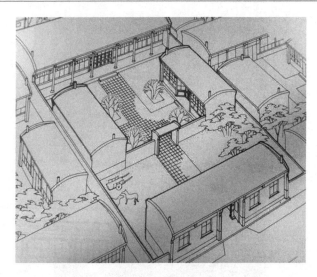

图2.32 囤顶民居

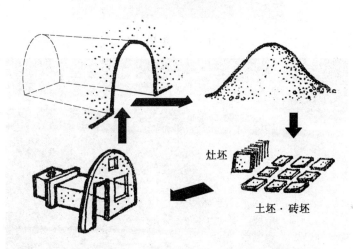

灶坯

土坯·砖坯

图2.33 窑洞民居对天然材料的充分利用

　　土窑洞大体可分为靠崖窑和地坑院两类。靠崖窑是在天然土崖壁上挖出的窑洞,窑体垂直崖壁,顶部呈半圆形或抛物线形。窑面可用砖石包砌,上扣挑檐、女儿墙、截水沟,以防崩坍。地坑院也称平地窑(图2.34)。

　　天井窑院,俗称地坑院,顾名思义就是先在地上挖个大坑,形成天井,然后在坑的四壁上挖出洞穴作为住宅的窑洞形式。这种住宅冬暖夏凉,是老百姓根据当地的气候条件,特别是干旱少雨的情况和土质状况创造出来的一种具有地方特色的居住形式。

　　天井窑院,早在4 000多年以前就已经存在了,现在的河南三门峡、甘肃庆阳及陕西的部分地区还有部分遗存。其中河南三门峡境内的窑居聚落保存得较好,至今仍有100多个地下村落、近万座天井窑院,依然保持着"进村不见房,闻声不见人"的奇妙地下村庄景象,境内较早的院子已有200多年的历史,住着四代人(图2.35~2.37)。

图 2.34 平地窑

图 2.35 河南三门峡地坑院民居

　　地坑院(图 2.38)是在平坦的地面向下挖深 6～7 m 的坑,窑洞 2 m 以下的墙壁垂直于地面,2 m 以上至顶端为拱形。其中一个窑洞凿成斜坡,形成弧形甬道通向地面,是人们出入院的通道,称为门洞,是地坑院的入口。在门洞窑一侧再挖一拐窑,向下挖出深 20～30 m、直径约 1 m 的水井,解决人畜饮水的问题。地坑院与地面交接的四周用青砖青瓦砌一圈房檐用于排雨水,保护地坑院墙壁不受雨水侵蚀。在房檐上再砌一道高 30～50 cm 的拦马墙,在通往地坑院的甬道及门洞周围一样砌有拦马墙。砌筑拦马墙的目的主要有:一是防止雨水灌入地坑院内,保护墙壁不受雨水冲刷、侵蚀;二是防止地面活动的人们坠落院

图 2.36　弯曲形村群

图 2.37　浅掩型村落

内发生意外；三是由功能需要衍生出来的装饰需求。

大多窑洞村落都位于坡地之上，在垂直于等高线的方向并无足够空间，因而院落多横向发展，形成了不同于周边其他地区的宽院、扁院等形态。这些院落因地制宜，结合地形，形成纵横发展、四通八达的多层院落，成为中国传统民居中独具特色的一支。

陕西、河南等地阳光充足、干旱少雨、木材资源缺乏，地形上沟壑纵横交错，而且黄土高原土质好，地下水位低。黄土高原窑洞利用土层保温蓄热，改善室内热环境。也就是说，窑洞建筑的主要优点来自土壤的热工性能，厚重的土层所起的绝热作用使其温度很低，而温度波动在土壤中仅有一定的深度，在此深度以外就无波动影响。陕北的沿崖窑洞利用山地地形，保温蓄热效果更好。窑洞不仅有适合人、畜居住的冬暖夏凉的良好居住条件，还是一个天然的冷藏库。但另一方面，不良的通风也造成了窑洞内湿度大和空气污浊。

图2.38　地坑院

二、石作

石材由于其坚固耐用的自然属性,成为人类发展史上最悠久的建筑材料,运用在我国传统民居建筑的室内室外。早在远古旧石器时代,人们就已经居住在天然的崖洞里。在明清之前,石材主要是用在建筑基础上,后来才逐渐发展成为建筑地上部分的主要建筑材料,但多用于山区和盛产石材的地区。在古代的高等级建筑中,石材一般都经过细致的打磨,而运用于民居中的石材一般来自于居住在山体附近的村落居民的就地取材。采石的过程主要是将大体积的石块敲击成小体积石块,简单加工。石块与石块之间靠黏土连接堆砌成墙体;或不用任何材料黏结,而利用碎石进行缝隙的塞垫,达到结实牢固的要求。

至今在我国一些丘陵地带,很多拥有大量石质民居的村落依然保存完整。如河北邢台县英谈村这一传统民居村落,其内部几乎全都是用石头堆砌而成的,款式多样、各具匠心,石墙、石瓦、石路、石桥、石板凳、石碾子……这里的一切几乎都是石头做成的。再如贵州的石板房,由于安顺等地区盛产优质的石料,所以当地居民因地制宜、就地取材,用石材修建出一幢幢颇具地域特色的石板房。

羌族民居为石片砌成的平顶庄房,呈方形,多数为3层,每层高3 m。房顶平台的最下面是木板或石板,伸出墙外成屋檐。木板或石板上密覆树丫或竹枝,再压盖黄土和鸡粪夯实,厚约0.35 m。房顶有涧槽引水,不漏雨雪,冬暖夏凉。房顶平台是脱粒、晒粮、做针线活及孩子老人游戏、休歇的场地。有些楼间修有过街楼(骑楼),以便往来。

1.石墙体砌筑方式

（1）干砌法。

石块之间根据其自然形态相互咬合，由下至上逐渐收分，不施泥浆的砌筑方式。适用于墙体勒脚、照壁及正房墙身等主要部位。

（2）浆砌法。

边砌石块边用搅拌好的泥沙填补石缝，泥沙风干后能增强石与石之间的黏接，砌筑时应逐渐收分。适用于墙体次要部位。

（3）包心砌。

墙体外表用较大的石块先行砌好，在墙体中间逐层填充细小的卵石或浇灌泥浆，以加强石块之间的相互黏结。适用于围墙、隔墙。

2.石墙分类

石材在山区，特别是在有板岩分布的地区是最优质的建筑材料，可就地取材，且物美价廉。此外由于石材有耐压、耐磨、防渗、防潮等特点，所以能保证居住环境的舒适度和稳定性。各种石头经过民间石匠的艺术加工，形成了民居外墙及屋面等部位极其丰富的质地与外观。

（1）加工块石墙（图2.39）。将石块加工成一定的规格再进行垒砌，缝要错开。

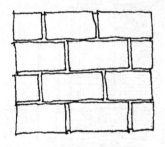

图2.39　加工块石墙

（2）毛石墙（图2.40）。石块开采大小不一，加工简单，安置无一定规则，自然、活泼、轻巧。

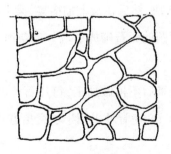

图2.40　毛石墙

（3）片石墙（图2.41）。有的石料（如石灰岩）有分层，易剥离和加工，可打凿整齐，砌筑时每层片石上下接面都较平整，因此接缝很小。由于片石较薄，从外观上看有时像砖。

图2.41　片石墙

（4）竖向石板墙（图2.42）。下层平铺一层石板做墙基，墙基上树立石板，板下凸出榫头插入墙基，板顶开燕尾榫，用木杆和木梁柱系统联结成一个整体。

图2.42　竖向石板墙

（5）横向石板墙（图2.43）。在基石上立断面为"工"字形的石柱，两柱间嵌入横向石板，一般叠垒2～3块，最高可叠到5块，然后在板上加横梁，梁上砌砖墙。

（6）卵石墙。用大大小小滚圆的卵石砌成的墙。砌筑时，卵石块下大上小，两端大中间小，保证了墙体的坚固。

（7）自然石片屋面。石片开采后不再做加工，每片石片的厚薄不一，大小不等。铺设时先铺檐口，然后搭接而上，直至屋脊，屋脊外采用半坡突出方式，较好地解决了屋脊接缝的问题。

（8）方片石屋面。石片开采加工成约50 cm见方的片块，在屋面上形成成菱形布置，铺

图2.43 浙江绍兴某宅

设屋面时,石片之间上下搭接5 cm左右。

鲁南石板房在枣庄山亭区群山深处的兴隆庄和附近的几个聚落里较常见,那里北依鲁南第一高峰翼云山,所以盛产片岩、石材。当地居民就地取材,从山上采下一块块薄石板,在屋顶密排的椽子上铺成菱形,或者随材而用铺成鱼鳞纹样代替屋顶瓦片。房子的四壁也用片石或石块干铺砌垒。每家的院墙、牲口棚、猪圈,甚至家用的桌、凳、钵、碾、磨、槽、缸、盆等,都是用石头凿成的。山体、林木、聚落和谐地融合一起。村落道路也完全用小块的片石铺就,人们行走在上咯咯作响,当地人称之为"响石路"。雨天雨水顺片石间的缝隙渗流,绝无泥泞难行之说。村内还有高耸、粗壮的方形石碉楼,是村落看家护院、站岗放哨的场所。

三、木构

木材是大自然赐予人类的,具有独特物理美学特征的可再生资源。古人对于木材的运用能力为世人叹服。自古以来,不管是帝王的宫殿、苑囿,还是分布在全国各地的寺院、民居住宅,大多数都以木材作为主要建造材料。木材是一种有机材料,它有着从参天大树到原木材料最后变成腐殖质或是燃料的完整循环周期,合理使用木材不仅符合生态学原理,而且对人的身心健康也很有益处。木材具有清新的气味、舒适的手感、自然的纹理,给人的生理和心理都带来一种温暖的享受,因而人们喜欢置身木材的包裹,与之建立起一种亲密的关系。

中国传统民居作为最古老的建筑语言,独特的木结构形式在满足了实用功能的同时,又创造出了形态各异的建筑外观及丰富多样的建筑风格。如川湘的吊脚楼、黔桂干栏木板房、东北地区的井干式房屋等,都是以木材为主要建筑材料的实例。中国传统民居建筑中的木材多为杉木,这种木材通水性能良好、耐腐蚀,能够很好地抵御大自然的风雨侵蚀。在木结构建筑施工时,一般需要涂刷油漆等用于防腐。

1. 木构建筑主要形式

(1)抬梁式建筑:柱头上搁置梁头,梁头上搁置檩条,梁上再用矮柱支起较短梁,层级而上,梁的总数可达 3~5 根。

(2)穿斗式建筑:用穿枋把柱子串联起来,形成一榀榀房架,檩条直接搁在柱头上,沿檩条方向,用斗枋把柱子串联起来,形成整体框架。

(3)井干式建筑:以圆形、矩形或六角形木料平行向上层层叠置,转角处木料端部交叉咬合,形成房屋四壁。

(4)干栏式建筑:竖立木桩做底屋架空,上层住人,下层常用于圈养家畜或堆放杂物。

(5)木骨泥墙式建筑:将草把、苇束等绑于木栅骨架上,内外两侧涂抹 30~40 cm 草泥,草泥外层罩白灰泥浆。

2. 木构建筑技术要求

(1)防止干燥变形:控制建造时间,一般选在雨量小的季节,有助于对木材湿度的控制。

(2)防水防潮:屋顶要用瓦覆盖;柱子需涂抹或灌注桐油,或涂刷油漆、彩绘也可以作为木质的一层保护膜;柱础可以使用石材或金属材料。

(3)防火:屋顶用瓦覆盖;稻草切成两寸,用石灰水浸泡,然后调入土(可加入石米、蚌壳等骨料),铺 5 cm 厚于楼板上,抹光形成灰被用于木楼板防火;山墙砌筑高出屋面,形成风火山墙,能够防止火势在房屋间蔓延;可用金属包裹木材。

(4)防腐:将生木放入水塘浸泡 2~3 年,使其干缩能力降到最低,取出并晾干后即可使用;也可以药剂浸泡木材;或将黄土、麻刀、红土、石灰等(或桐油、糯米浆)敷在易着火的部位。

3. 木材围护结构分类

木材可以说是人类最早使用的建筑材料之一。我国传统民居多为木构架结构承重体系,而在盛产木材的林区,也常用木材来做建筑的围护构件,如木墙、木瓦等。

(1)井干式。

井干式建筑又名木楞房,墙体均是由去皮圆木或砍成的方木层层叠置而成,木料长 3~6 m,每层楞木叉接成井字形,在各楞木两端交叉点的上下两面都开高为木料高度 1/4 的槽口,互相嵌固,非常结实。井干式墙体构筑简单,施工方便(图2.44)。

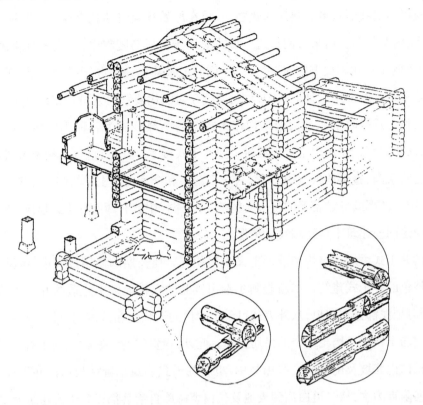

图2.44 云南纳西族木楞房

井干式建筑的特点是就地取材,加工简单、施工迅速。若准备得当,一日即可建成一栋房屋。这种木屋是先民在长期的生产生活实践中的创造,体现了一种木文化,许多史志中都有记载。

《后汉书》载:"处于山林之间,土气极寒,常为穴居,以深为贵,大家至接九梯。"《三朝北盟会编》中载:"依山谷而居,联木为栅,屋高数尺,无瓦,覆以木板,或以桦皮,或以草绸缪之,墙垣篱壁率皆以木,内皆向东。环屋为土床,炽火其下,与寝食起居其上,谓之炕,以取其暖。"《满洲源流考》载:"因木之中空者,刳使直达,截成孤柱,树檐外,引炕烟出之。上覆荆筐,虚其旁窍以出烟,而雨雪不能入,比室皆然。"

a.井干式民居的特征。

井干式民居平面一般为长方形,外墙和内墙均是由去皮圆木或砍成的方木层层叠置而成,木料长3~6 m,木头直径约20 cm。若为单间,则每层楞木叉接成井字形。在各楞木两端交叉点上下两面都开高为木料高度1/4的槽口,互相嵌固,故每层横向木楞与纵向木楞标高相差一个半径,也有两者在一水平面的。分间的井干式民居内墙与外墙出头相交,亦开槽口相互嵌固。

b.井干式民居的发展历史与分布情况。

井干式民居是我国古老的建筑形式之一,早在原始社会时期就有应用。"井干"本意指井口的栏木,由此得名。后来人们将这一形式应用于民居与陵寝中,汉武帝时期建造的"井干楼"是一个例子。我国史书中对"井干"一词的记录甚多,有"井干叠而百层"等描述。商代后期的陵墓就已经采用这种形式的椁室,而现今对汉代陵墓的大量发掘结果也表明,至少在商代至汉代的这段时期该木构架结构作为葬制的一部分成为一种普适性的椁室结构形式。另外,汉初的官式建筑中也曾出现过一些井干式楼宇。此后,这种木构架形式慢慢淡出中原汉文化建筑圈,直至消失。1955年,晋宁石寨山和李家山出土了战国至西汉中期的滇族青铜器,其中一件铜鼓形贮备器的腰部所铸的"上苍图"中就有两座井干式建筑,该图表现的是奴隶们向这两座建筑中运送粮食的情形。

各地的井干式民居在结构和外形上又不尽相同。在长期的使用过程中,居民们建造了颇具地方特色的井干式建筑。如新疆阿尔泰山以北的农村地区中建造的井干式房屋,以平顶为主,同时把泥都抹在墙里,从外表还可看出木楞的形状。在云南的大姚、姚安、南桦等地还有井干式与干栏式结构相结合的民居式样。此外,在贵州的一些村庄中也有井干式建筑。在吉林省长白山北坡及南坡的一些山林中,也有井干式建筑。吉林长白山井干式建筑分布以二道白河附近为主,从二道白河到天池及长白朝鲜族自治县都以井干式建筑为主。

(2)木板墙面。

在盛产木材的地区,木板房的墙是用木板直接钉制而成的,其钉法有横向钉和竖向钉两种。在一些地区,当建筑二层需要悬挑时,其外墙也都用木板镶嵌,以减轻自重。如桂北地区侗族民居(图2.45),作为少数民族文化的重要载体,通过吊脚楼木构建筑的形式、材料及结构来达到满足功能的目的,同时具有象征意义。桂中北地区(广西中北部地区)侗族民居木构建筑本身的存在和发展受到亚热带地理气候等自然条件的制约,同时还受到地区宗教、政治、民俗因素的影响,在这些因素的共同作用下造就了当地传统民居依山就势、自然淳朴的建筑形式,是当地少数民族文化的代表,其独特的木构建筑技艺更是侗族人民世代相传的智慧结晶。

图 2.45　桂北侗族民居

（3）木板瓦屋面。

以木板切成的方片当作瓦辅成的屋面。木板瓦因经常受到空气干湿的变化而容易变形脱落，故作木板瓦的用材大部分是"荒山倒木"，木质已经经过干湿的考验，变形较小。

（4）树皮瓦屋面。

指用桦树皮切成的"瓦"，尺寸较大，其使用寿命比木板瓦长，表面光滑而富有弹性。

四、草类

用草铺屋面，经济且可就地取材，所以使用范围较广。草的种类不同，质地也有差异。如水甸子中的羊草纤细柔软，经水不腐，是较好的屋面材料，而东北盛产的乌拉草，南方盛产的茚草都常被用作苫顶的材料。胶东地区的沿海渔宅则使用海带草铺屋面，因海带草本身带有胶质，1～2年后，整个屋顶便黏结为一体，耐腐、耐燃、保温隔热，经久不烂。综上可见，各地草屋顶材料都是就地取材，水泽地带可用苇子，靠山地区可用荒草，产麦区可用麦草，而产稻区便多用稻草，但稻草苫屋面容易腐烂，故1～2年需重铺一次。用草苫屋面，一般是从下（屋檐）往上一层层铺，靠檐处薄些，而屋脊苫得较厚，以利泄水，另外在屋脊的交缝处还须做盖帘以防渗漏（图2.46）。

图2.46　云南哈尼族民居

五、竹材

竹子是建造房屋最古老的材料之一,因其造价便宜、易于加工,与木材和石、砖等材料相比既经济实惠又不失安全性,在气候温热潮湿、雨量充沛、盛产竹子的南方地区得到了广泛的应用。当地居民用竹子编织成墙面及地面,编织形成的缝隙正好可以保证室内良好的空气流通。《黄冈竹楼记》中就提到:"黄冈之地多竹,大者如椽。竹工破之,刳去其节,用代陶瓦。比屋皆然,以其价廉而工省也。"清代沈曰霖的《粤西琐记》中记载南方民族:"不瓦而盖,盖以竹;不砖而墙,墙以竹;不板而门,门以竹。其余若椽、若楞、若窗牖、若承壁,莫非竹者,衙署上房,亦竹屋",可见我国以竹造屋的历史悠久。干栏式竹楼是很多少数民族至今还在沿用的一种竹制建筑形式。

1. 竹制建筑的特点

竹子生长迅速,产量丰富,竹材取材方便,具有轻质高强的特点,可方便加工成不同形式,如竹片、竹条、竹篾等,应用于柱、楼板、墙壁等各个建筑部位。因此广泛应用于我国南方湿热地区,如四川、云南、海南等地。

竹材的应用在我国具有悠久的历史,主要是由于竹材在南方各地出产极为丰富,且分布也很广,是一种量多而价廉的建筑材料。竹本身有许多优良的性能,如质地坚韧,富有弹性,自重很轻等。从力学角度来看,竹的杆身为圆柱形壳体,圆柱直径可达 30 cm,无论受弯或偏心受压时,都有很好的韧性,是很好的建筑材料。

2. 竹材主要应用部位

(1)竹屋架。

竹材在建筑应用上最主要的部位是竹屋架,其屋架形式与木屋架基本相同,只是在搭接方法上有所不同(图 2.47)。主梁上用不同粗细的竹子纵横叠置,捆绑成网状平面整体。地板处的竹梁应根据荷载确定跨距、间距及用料粗细等。双向叠成的网状整体梁,一般纵横叠交 3 ~ 5 层不等。

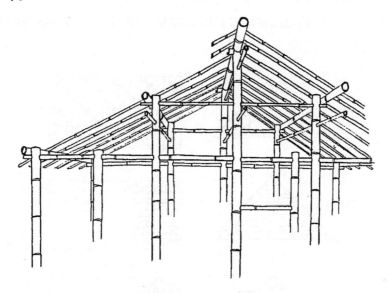

图 2.47　竹屋架剖视图

竹楼以竹子为主要材料修建,竹柱、竹梁、竹檩、竹椽、竹门、竹墙,就连盖在屋面上的草排也用竹绳拴扎。有的地方,甚至将竹一破两半用于盖顶。由于建筑材料以竹为主,故有竹楼之称。竹架棚房子状如倒扣的船只,是居住在我国南方地区的黎族的传统住房,房屋多被架高,以避免地面的潮湿进入室内。

(2)竹屋面。

竹子劈开制成竹瓦可作为屋面覆盖材料。竹瓦的优点是自重轻、造价低廉,缺点是耐久性差,必须经常加以维修。竹屋面的铺盖方法是在屋顶用粗细不同的圆竹纵横交错绑扎成方格网,由里至外,最表层用料最小、网格最小,若上铺草顶,则网格间距可略大。将剖成两半的竹瓦一仰一覆相互扣合铺制屋顶,此种方法操作方便但耐久性差,需定期维修。也可以竹片编织成整块屋顶作为屋面,但易漏雨,使用较少。

(3)竹地板。

将圆竹剖为两半并压扁为竹片,顺次铺于地板梁上,以光滑竹青为面层,其上铺一层纯竹青篾片编制的柔韧竹席,方便席地坐卧。

(4)竹墙。

将圆竹压扁成竹片,数个竹片拼合后,两面以细竹或半圆竹夹定形成预定板块后即可安装。取粗细均匀的圆竹,按房间长宽高的需要来固定上下端,层高高的房屋可在中间适当部位加设2~3道腰箍做成竹篱。将1.5~10 cm宽的竹条依次固定在栅栏上,以横向按压二抬二的方法编织,一次用料不够可拼接而不影响整体效果。1.5~10 cm宽的竹条可提前按预制花纹编织好,以竹子压条和竹篾整块顺边捆绑牢固,再固定于分隔好的竖向栅栏。云南等地区的民居建筑盛行用竹篾编成墙身和山尖部分,突出了竹制品多样的图案化特征(图2.48)。

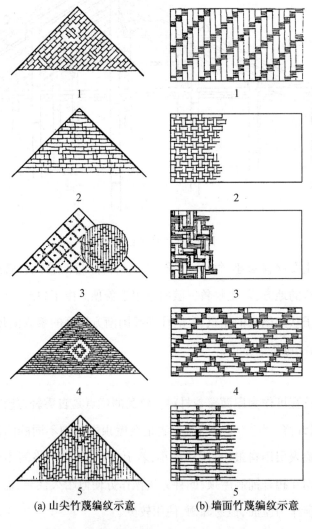

(a)山尖竹篾编纹示意   (b)墙面竹篾编纹示意

图2.48　瑞丽傣族民居竹编墙体花纹示意图

苗族民居是将竹子用于一种大面积整体编织的竹编墙。这种墙坚韧耐用、造价低廉、施工简易、地方特点鲜明。具体做法是将3~4根细长竹并为一束,充作竖向墙筋,间距30 cm左右,然后用横向的竹条连续编织,每隔1 m左右钉以木板使之牢固附于柱枋之上。为防透风,墙内外抹涂草筋灰泥,有的掺入牛粪,黏牢度更大,是一种朴素、别致的施工方法。

六、砖瓦作

砖瓦材料是天然材料经过简单的加工后烧制而成的,它们的强度、耐磨、耐水性等方面都较土材大为提高,故也是在我国传统民居中应用较多的建筑材料。

砖是在建筑建造中使用最为广泛的一种人工建筑材料,在我国传统建筑的建造过程中扮演着重要的角色,具有悠久的使用历史。早在先周时期就已经出现了空心砖、条砖。战国时期,砖的种类繁多,主要用于铺地和砌筑墙面。到了秦朝,由于秦始皇统一六国,大兴土木,开始大量使用砖。明朝时,随着生产工艺的改进,砖的应用得到普及,民间住宅的墙壁全部用砖砌筑而成。此外,砖不仅可以作为一种建筑结构材料,而且也可作为一种建筑装饰材料,这就是砖雕。通过在砖上精心雕刻出吉祥的图案或者文字,然后镶嵌在建筑的不同位置上,形成美的视觉感受。明清两代的砖雕表现内容题材广泛,也最为精巧。

由于是手工制作,传统民居中的砖的规格仅有一个大体的尺寸,并不是绝对的精准,每个地区都有自己的地方性规格。特别值得一提的是,江南地区生产的一种很薄的砖,可用来满足砌筑建筑外墙的空斗做法。还有一种被称为"胭脂红"的颜色极为鲜艳的红砖,唯有闽南厦门一带盛产,这种砖构成闽南建筑的一大特色。

大多数民居屋面为小式瓦作,铺小青瓦,两端或局部用筒瓦或小青瓦骑缝。瓦当多采用板瓦密排而不采用筒瓦板瓦相间排列。板瓦在西安地区又被称为仰瓦。瓦的尺寸约为17 cm×21 cm,呈略窄长形。民间对于瓦的排列在做法上常讲究"压七露三",即70%的瓦要层层压在上一片瓦下,以保证其热工性能。在山墙位置将两三道板瓦正反相扣可用以加强屋面与墙面相交处的防水性能,同时与一片板瓦密集排列的屋面上的凹凸形成对比,具有一定的美观效果。就笔者所调研的民居实例来看,现存的大多数民居都建于清代中后期至民国时期,所用脊吻与屋脊纹样以及滴水瓦做工精美,但形式花样变化不多,较为朴素。

砖瓦作分为两部分:一部分为砖,主要用作砌筑砖墙;一部分为青瓦,主要用作青瓦屋面。

1. 砖墙

砖是传统民居常用的一种材料,其做法是用黏土加入砂土搅和之后,用木模具做成坯子,经日晒干燥后烧制而成的,有青砖、红砖之分。传统民居一般多用青砖,其规格各地不一,普通青砖约 24 cm×12 cm×6 cm,大青砖(方砖)为 35 cm×35 cm×6 cm 左右。青砖砌筑方法较多,有实砌墙、空斗墙和夹心墙等多种形式(图 2.49)。青砖墙色彩稳重古朴、庄严大方。

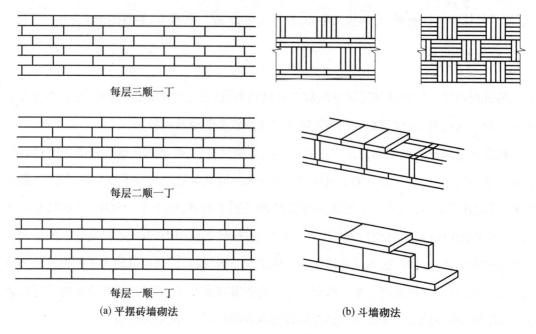

每层三顺一丁

每层二顺一丁

每层一顺一丁

(a) 平摆砖墙砌法　　　　　　　　　(b) 斗墙砌法

图 2.49　砖墙砌筑示意图

2. 青瓦屋面

瓦是经人工烧制的建筑材料,其做法与砖相似,具有较好的防水性和耐久性,是一种理想的屋面材料。

瓦屋面的构造一般包括:面层(瓦)、结合层(坐瓦层)和垫层等层次。在我国南方,气候温和、风力较小,因此有些南方地区往往不用结合层和保温层,而是将仰瓦直接铺在椽子上。

瓦的铺法一般是采用板瓦和筒瓦相互咬合的方法,这样铺成的屋面防水性较好。北方地区雨量较小,许多民居建筑只用仰瓦而不用合瓦,各行仰瓦密铺,上面不再覆盖合瓦,(北方称"单撒瓦"),较为经济(图 2.50)。

仰瓦屋面在北方较常见,这种屋面用瓦较省,但对瓦的质量要求较高,稍有变形则要剔除。结瓦时对匠人技能要求也较高,必须互相错接、扣合严密,以上下瓦压四留六至压七留三为准则,不能有松动的瓦。檐口第一片瓦叫滴水,下垫勾头。可见匠人的技能和工作质量与仰瓦屋面的质量有密切的因果关系,如安阳浚县裴庄村常进士宅第的二进院正房,建于清同治年间,屋面至今未变形,不漏雨。通常情况下,一般质量的瓦屋面 30~50 年进行维修是正常的。

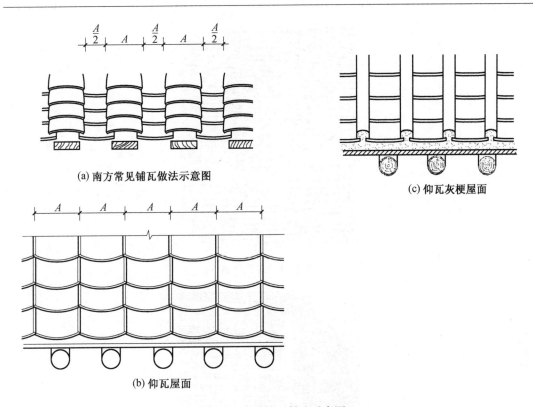

(a) 南方常见铺瓦做法示意图

(c) 仰瓦灰梗屋面

(b) 仰瓦屋面

图 2.50　常见铺瓦做法示意图

筒板瓦屋面在各地都有使用,主要用于正房,但不是凡正房都用。凡有使用的,也不讲究正房厢房。冷摊瓦屋面仅用于南北气候过渡带地区的部分房屋,铺法与南方屋面完全相同。

七、混合材料

在一些建筑上利用几种不同的地方材料进行建造,将不同材料的性能结合起来,可得到理想的效果。如在土墙表面贴一皮砖,可提高墙体的耐水性和耐久性,而在土墙内侧衬砖则可防潮和美观。在福建等地有使用砖与石混砌的方法,可节省砖材。此外,也有利用废料,如断砖、灰土块,残石块、石片、瓦片等砌成墙体的实例,建造出的房屋既经济又别具特色(图2.51、2.52)。

不同材料的组合应用示例如下:

(1)"金包玉"墙体。将烧制的薄砖按丁、顺、平相互组合砌好外墙皮,形成小箱体,然后将土倒入中空部位填实,再砌第二层,如此反复。砌筑时每层之间的砖缝需错位,以保证砖与土、上下层之间的相互咬合。

(2)夹心墙。墙体内外均用青砖砌筑,将土坯夹在中间做"芯"。

图 2.51　灰瓦片墙

图 2.52　砖瓦片墙

（3）挂泥墙。细木栅或竹条编织成 10~20 cm 大小的方格网与立柱牢固联系，用拌和好的草泥由下至上敷上，墙内外同时进行，边挂泥边以手掌抹平，待半干后再作局部补充调整，达到平整、厚度均匀。

（4）夹泥墙。将墙壁柱枋分隔成 2~3 m 见方的格框，里面以竹条编织嵌固，然后以泥灰双面粉平套白。此种方法砌筑的墙轻薄透气美观，且不易开裂。

（5）瓦砾土。以瓦砾土 4 份、黏土 3 份、灰 2 份的比例掺水搅拌，再用夯土墙板分层夯筑瓦砾土而成。一般墙厚约 60 cm。此类墙对瓦砾颗粒大小没有要求，可以使用碎砖、瓦子、小石子等，须坚硬。

第三章 传统民居形态的自然区划

第一节 传统民居形态自然区划的提出

一、传统民居区划方法概况

区划是地理学上的一种研究方法,它的目的在于了解各种文化和自然现象的区域组合与差异及其发展规律。我国传统民居形态丰富多彩,这一特征表现在传统民居的地区性的差异上,而形成这种差异的主要原因正是各区域里的自然环境与社会文化环境的不同,所以通过区划方法可以找到自然环境与社会文化环境对于传统民居形态影响的一些规律。

我国在传统民居的整体研究上,目前采用的区划方法一般是借用行政省份的区划方式,将我国传统民居分为浙江民居、吉林民居、云南民居、广东民居等系列。这种区划方法常常会出现各省传统民居形态相混杂的情况,即某种民居形态出现在相邻若干个省内。如窑洞建筑的形态就会出现在黄土高原地域的陕西、山西、河南、甘肃、宁夏等省,可见建筑形态的变化是不受行政省份的界限的限制的,它们甚至会跨越国界,分别与世界上其他与我国相邻的国家的民居中找到共同点。所以我们有必要寻找更科学的传统民居的区划方法来。

国外在建筑区划研究方面的著作较多,如 D. Yeang 在《炎热地带城市区域主义》一书中,曾提出了全球建筑气候分区的设想(图3.1),而 B. Givoni 在《人·气候·建筑》一书中进一步提出了在不同的气候类型下,建筑设计的原则和方法。另外英国的 R·W·Brunskill 所著的《乡土建筑图示手册》一书,也采用了区划的方法来表现乡土建筑的各种结构及材料在英国的分布状态。这些国外的建筑区划方法是值得借鉴的。

二、传统民居形态自然区划的依据

传统民居形态的自然区划是对一定地域范围内的传统民居形态的相互关系与差异及其各种自然因素进行综合分析而划分的形态地域单元分类系统,它是对传统民居形态在地域上分异规律的认识过程。科学地划分不仅可以寻找出传统民居形态与各种自然因素间的内在关系,也可成为当今建筑创作的重要依据。

在提出传统民居形态的自然区划时,首先要确定传统民居形态受自然环境因素影响的

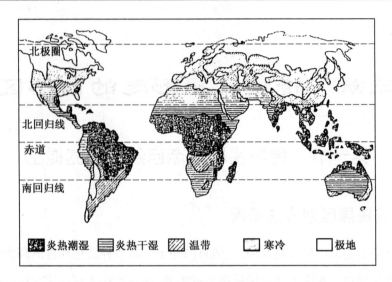

图 3.1　全球气候分区图

基本观点。在相同的自然环境区域内,由于民族、宗教和风俗文化的不同,在聚落形态或装饰风格上会产生很大的差异,但在构筑上常常会找出许多共同点来,这便是与当地自然环境有着良好的适应关系的表现。如四川西北部的藏北民居与羌族民居,由于民族文化的相异,在建筑色彩及装饰风格上相差甚大,但它们的形态,包括建筑材料、外墙屋顶等,却极为相似;而相反的,同是藏族民居,在自然条件不同的地域,如在拉萨、甘肃和四川等地的藏居的形态都迥然不同(图3.2)。当然,由于各种社会文化因素的影响,在有些地区内也许会找到反自然因素的例子,但应该说这些只是个别的案例。

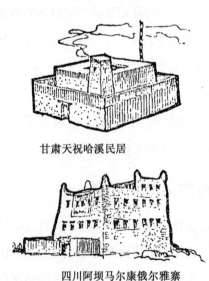

甘肃天祝哈溪民居

四川阿坝马尔康俄尔雅寨

四川阿坝米尔克寨

西藏拉萨民居

图3.2 甘肃藏居与西藏、四川阿坝藏居形式比较

其次,在提出传统民居形态的自然区划时,还要掌握气候、地貌、材料等这些自然因素的规律的资料。在这方面可以借鉴自然地理学的许多研究成果,如针对各种自然要素编制的气候、地形、土壤、植物等的区划以及综合自然区划等,这些区划全面系统地显示了各种自然要素的分布规律、相互联系和各个自然地理区域的特征等,这些都是具有一定科学依据的。而在进行传统民居形态自然区划时,把建筑形态同各种自然要素的区划结合起来,寻找出相应的规律,这对区划也是很有帮助的。

目前,我国在传统民居的实地考察上,已积累了大量的资料。如何运用自然区划的方法,从形态上寻求各地传统民居间的相互联系与差异,使我国传统民居研究成为一个系统的整体,这是一个十分重要的课题。

第二节 传统民居形态自然区划草案

本书对传统民居进行的自然区划,是以形态为划分对象,在大量传统民居实地调查的基础上,并参阅众多已发表的传统民居调查实例资料,综合性地进行归纳整理,并与各种自然地理的区划相对应,从而找出相应的划分规律。但由于我国地域广阔,所能掌握的各地民居资料还不够充分,所以目前编制的传统民居形态自然区划还是比较粗略的。

一、传统民居形态的气候分区

我国地域广阔,气候类型多样,而种种不同特征的气候因素(如气温、降水量、温度、日照等)都会影响到传统民居的形态(表 3.1)。

我国北方与南方地区的气温存在着明显的差异,表现在传统民居形态中普遍采用取暖和保温措施的区域可以划分为三个层次,即采用火炕、火墙、火地或壁炉等采暖区;采用厚墙、厚屋面保温区及采用双层屋面保温区。而从建筑隔热与通风的角度,传统民居形态也可以划分三个层次,即采用天井、敞厅的区域;采用深出檐(>50 cm)、重檐的区域及干栏式构筑区。

表 3.1 我国建筑气候分区及建筑要求

区名	一月平均气温	七月平均气温	平均相对湿度	室外采暖计算温度	建筑要求
Ⅰ区	−10 ~ −30 ℃	5 ~ 26 ℃	—	−18 ~ −38 ℃	防寒、保温采暖为主
Ⅱ区	−5 ~ −10 ℃	17 ~ 29 ℃	50% ~ 70%	−8 ~ −30 ℃	既要冬季采暖, 又要夏季通风
Ⅲ区	−2 ~ 11 ℃	27 ~ 30 ℃	70% ~ 80%	一般不采暖	着重解决夏季降温 组织自然通风,并防潮防火
Ⅳ区	10 ℃以上	27 ℃以上	75% ~ 80%	—	夏季降温为主, 并考虑隔热、通风遮阳
Ⅴ区	5 ℃以上	18 ~ 28 ℃	70% ~ 80%	—	冬暖夏凉, 部分地区有湿热问题
Ⅵ区	0 ~ 20 ℃	6 ~ 18 ℃	60%	—	主要防寒
Ⅶ区	−6 ~ 29 ℃	16 ~ 26 ℃	30% ~ 55%	−10 ~ −30 ℃	主要防寒

由于降水量的影响,传统民居的屋面坡度可划分为平屋顶区(坡度<10 ℃)、缓坡顶区(<30 ℃)及陡坡顶区(>30 ℃),年均降水量在 0 ~ 250 mm 的区域内的传统民居基本上为平屋顶;年均降水量在 250 ~ 500 mm 的区域内的传统民居基本上为缓坡顶;年均降水量在 500 mm 以上的区域内的传统民居,基本上为陡坡顶。

二、传统民居形态的地形分区

我国地形地貌复杂,在地域的地形因素影响下,也形成了各地传统民居形态各自不同的特征。为了对不同地形条件下传统民居形态进行系统地分析和研究,我们把对传统民居形态影响较大的地形条件归为三类,即平原区、水域区和山丘区。这三个区域的划定,可以利用由陈正祥先生编制的"中国地形区域"加以核实。

三、传统民居形态的地方材料分区

由于受到不同地域的气候、土壤、植物的影响,天然建筑材料的分布也有地区性差别。

如黄土高原地区深厚的黄土层、各地区的森林资源、亚热带地区的竹材,山区的各种石材等,不同种类建筑材料的运用,都会影响到传统民居形态。参考地理学中的一些区划图,我们可以把利用各种天然建筑材料(如黏土、石材、木材、竹材、草类等)和经过烧制而成的人工材料(如砖瓦等)所构筑的传统民居形态分别加以区划。

四、传统民居形态综合自然区划的设想

自然界中各种自然地理因素是相互联系、相互制约的,它们共同构成了一个有相互内在联系的整体。自然因素对传统民居形态的影响也是一样,有些时候往往不是单纯受到某项自然因子的作用,而是同时受到几种自然因素综合作用的结果,所以有必要综合各种自然因素来对传统民居形态做综合的自然区划。当然,将这些错综复杂的自然地理因素的影响综合在一起是一项庞大复杂的工作,因此本书所做的传统民居形态的综合自然区划仅是一个初步的设想。8个区域的情况以表格的形式概述见表3.2。

表3.2 中国传统建筑形态概况

地区	气候条件	地理环境	主要建筑材料	主要构筑特征
1区	寒带、亚寒带地区,寒冷干燥	平原	土、木、砖	墙体和屋面较厚,住宅南窗大,内部有火炕等采暖设施
2区	—	山地 高原	木、石	井干式或木板房、建筑石筑房及藏式石砌平顶建筑,建筑考虑防寒保温和与山地的结合
3区	寒带及亚寒带地区,干旱或半干旱气候	平原 沙漠 盆地	土、木	土筑平顶、缓坡顶及囷顶民居,窑洞民居
4区	寒冷地区,寒冷少雨	草原	木条、毡毛	圆顶毡毛穹隆顶帐包,方型活动帐篷
5区	温带地区,夏热多雨、冬冷	平原	砖、木	建筑外封闭内开放,坡屋顶,建筑构筑考虑通风、遮阳与隔热
6区	—	水域 多河	砖、木	建筑内部通透开敞,建筑与河湖环境相结合

续表 3.2

地区	气候条件	地理环境	主要建筑材料	主要构筑特征
7 区	温带、亚热带地区,夏热多雨、冬冷	多山	石、木	建筑结合山地,有台、坡、梭、拖,挑、吊等多种设计手法,利用山地的木材或石材筑房
8 区	热带、亚热带地区,湿热多雨	平原	土、竹、木、砖	建筑开敞通透,屋面坡度陡急,有歇山屋顶、坡檐、腰檐、出檐、出挑等多种防雨构件,采用干栏式竹楼的建筑形式

第四章 传统民居形态与文化环境的关系

第一节 传统民居形态的文化环境概述

1. 关于文化的论述

"文化"一词乃是"人文化成"一语的缩写,在中国古代指"以文教化,人文化成",与武力征服相对应,即所谓"文治武功"。"文化"此语出于《周易》之"贲"卦《彖传》曰:"刚柔交错,天文也;文明以止,人文也。观乎天文以察时变,观乎人文以化成天下",将"文"和"化"两字联系起来,是"文化"的原始提法。所谓人文,就是指自然现象经过人的认识、点化、改造、重组的活动也称为人文活动。所谓"以文教化",即以诗书礼乐,道德伦理教化世人。

现代"文化"的概念,大约是在19世纪末从日文转译过来,源自拉丁文的"Cultura"。从字源上看,它有多重含义:耕种、居住、练习、留心或注意、敬神,德文、英文、法文的"文化"一词,也都来自拉丁文的"Cultura"。

文化学奠基人爱德华·泰罗(E. B. Tylor 1832~1917 英国)先后给"文化"下过两个定义:

(1)文化是一个复杂的总体,包括知识、艺术、宗教、神话、法律、风俗以及其他社会现象。

(2)文化是一个复杂的总体,包括知识、信仰、伦理道德、法律、风俗,以及人类在社会里所得到一切的能力与习惯。(《原始文化》1871)

著名的文化人类学家马林诺夫斯基将文化结构分解为三个部分,提出了著名的"文化三因子"说。该学说将文化划分为物质、社会组织、精神生活三个层次。

著名历史学家钱穆将文化结构分为三个阶层:

(1)物质的,面对的是物世界。

(2)社会的,面对的是人世界。

(3)精神的,面对的是心世界。

此外,还有文化三结构说:

(1)物质文化:满足人类生活和生存需要所创造的物质产品及其所表现的文化,特点是:物质性、基础性、时代性。

(2)制度文化:反映个人与他人、个体与群体之间的关系,特点是:强制性、权威性、缓慢变迁性、相对独立性。

（3）精神文化：人类在社会实践和意识活动中长期育化出来的价值观念、思维方式、道德情操、审美趣味、宗教感情、民族性格等，是人类文化心态在观念心态上的反映，文化的类型有：书面文化、行为文化、心理文化、艺术文化。

文化，就词的释意来说，文就是"记录、表达和评述"，化就是"分析、理解和包容"。人类传统的观念认为文化是一种社会现象，是人类长期创造形成的产物，同时它又是一种历史现象，是人类社会与历史的积淀物。确切地说，文化是凝结在物质之中又游离于物质之外的，能够被传承的国家或民族的历史、地理、风土人情、传统习俗、生活方式、文学艺术、行为规范、思维方式、价值观念等，它是人类相互之间进行交流时普遍认可的一种能够传承的意识形态，是对客观世界感性上的知识与经验的升华。文化是一个复杂的概念，至今仍众说纷纭，从广义的文化概念的角度理解，文化是人类创造的全部物质文明和精神文明的总和，即物质文化和精神文化。应该说，文化是人为了满足自己的欲求和需要而创造出来的，文化是指人们的生活方式。

文化有很多属性，其中民族性是最重要的，是文化的根本属性；文化的另一个重要属性是时代性，是文化盛衰变化的根本原因。一个民族文化的盛衰即是由该民族与他民族文化的交流与融合的情况及不同的时代和社会状况来决定的。

2. 关于传统的论述

"传统"一词最先出现于《后汉书·东夷传》，但仅指统治者的权位继承。现代"传统"一词，大概是源于英文的"Tradition"，而它又是源自拉丁文的"Traditio"和"Tradere"（意为"引渡"）是指物体从一个人传到另外一个人的含义。

传统是指世代相传、从历史沿传下来的思想、文化、道德、风俗、艺术、制度以及行为方式等。因此，我们所说的传统是某一集团或民族代代相传的生活方式和观念。

传统具备五种基本的属性：

（1）民族性。民族是由血缘、语言文字、共同利害等许多因素所逐渐形成的，同一个民族的人必须酝酿出共同的感情愿望，并产生共同的生活方式，才可作为一个民族集团而存在。

（2）社会性。传统代表的是人与人之间的共同心声，正如 G. K. Chesterton 在其所著的《妖精之国》中说的："传统是由健全的大众创造出来的。"

（3）历史性。传统是大多数人在不知不觉中共同创造、约定俗成的。传统一定要在历史的时空之流中才能产生并形成，传统和历史是不可分割的。

（4）实践性。所谓传统，大多与人们具体的生活关连在一起。传统之为传统，其观念、思想必属于文化价值方面，并对社会的实践产生影响。

（5）秩序性。凡是谈到传统一定连带到秩序，因传统代表的就是一种共同生活的秩序，而秩序则是就个人与群体的谐和、自由与规则的和谐而言的。

传统乃是大家所不约而同的生活方式。现实生活中，许多在理论上是矛盾的东西，但却构成各自生活的一部分，得到大家共同承认，而构成使生活得以安定的秩序。

3. 中国传统文化的含义

传统文化是在过去的一个很长历史进程中形成和发展起来的，根植于自己民族土壤中的稳态的东西，又渗入了各时代的新精神、新血液，广泛地表现在人们的风俗习惯、生活方式、心理特征、审美情趣、价值观念等方面。

所谓中国传统文化（Traditional Culture of China）是中华文明演化而汇集成的一种反映民族特质和风貌的民族文化，是民族历史上各种思想文化、观念形态的总体表征，是指居住在中国地域内的中华民族及其祖先所创造的，为中华民族世世代代所继承发展的，具有鲜明民族特色的，历史悠久、内涵博大精深、传统优良的文化。它是中华民族几千年文明的结晶，除了儒家文化这个核心内容外，还包含有其他文化形态，如道家文化、佛教文化等。

中国传统文化和世界上其他文化的明显区别在哪里？文化学者余秋雨认为中国传统文化中有三个"道"，这确实是其他文化所没有的。这三个"道"分别为：社会模式上的礼仪之道；人格模式上的君子之道；行为模式上的中庸之道。

4. 中国传统文化的结构系统

从现代系统论的观点来看：人，针对自然界，创造了物质文化；针对社会，创造了制度文化；针对人自身，创造了精神文化。

（1）物质文化。

物质文化包括：①人们为满足生存和发展需要而改造自然的能力，即生产力；②人们运用生产力改造自然，进行创造发明的物质生产过程；③人们物质生产活动的具体产物。

（2）制度文化。

制度文化包括：①人们在物质生产过程中所形成的相互关系，即生产关系；②建立在生产关系之上的各种社会制度和组织形式；③建立在生产关系之上的人们的社会关系以及种种行为规范和准则。

（3）精神文化。

精神文化包括：①人们的各种文化设施和文化活动，如教育、科学、哲学、历史、语言、文字、医疗、卫生、体育和文学、艺术等；②人们在一定社会条件下满足生活的方式，如劳动生活方式、消费生活方式、闲暇生活方式和家庭生活方式等；③人们的价值观念、思维方式和心理状态等。

三种文化构成了三个文化系统,合而成为一个文化大系统。其中物质文化系统是基础,是制度文化系统和精神文化系统的前提条件;制度文化系统是关键,只有通过合理的制度文化才能保证物质文化和精神文化的协调发展;精神文化系统是主导,它保证和决定物质文化、制度文化建设和发展的方向。

文化的结构因此而被有的学者分为三个层面:物质的-制度的-心理的。表述为:文化的物质层面是最表层的,而审美趣味、价值观念、道德规范、宗教信仰、思维方式等则属于最深层,介于两者之间的是种种制度和理论体系。

把这三个层面用中国传统文化固有的"道器"范畴来概括,即物质的层面可称为"器",制度的和心理的层面可称为"道",三个层面之间相互联系、相互融通。如物质层面中的生产方式与制度层面中的经济制度相叠合;心理层面中的价值观念、思维方式、社会心理与制度层面的政治制度(如官吏选拔制度)、教育制度(如科举制度)相融通。总之,三个层面之间既相互区别、各具特色,又相互联结,相即相入,共同构成中国传统文化的整体结构。(《中国文化史》1991)

此外,还有一些学者认为,中国古代的文化结构应由以下几部分组成:

(1)自给自足的农业经济。

(2)由前项所决定的以家族为本位,以血缘关系为纽带的宗法等级关系。

(3)在小生产自然经济和以家族为本位的宗法等级关系的基础上形成的宗法等级制度。

(4)稳定的上下尊卑等级秩序的文化心理结构。

(5)中国古代的思想体系,即古代政治思想、法律思想、伦理道德、科学理论、文学、艺术、哲学、宗教等社会意识形态。(《传统文化与现代化》1987)

这一观点可看作是对具体的中国传统文化结构的论述,提出的各重要组成部分是对以汉民族文化为主体的中国传统文化的总结。可以看出,这一结构仍未离开物质-制度-心理的大框。

5. 中国传统民居形态文化结构要素的提出

关于中国传统文化的结构,众说纷纭,可以说见仁见智,而要给出一个众所乐受的定义是相当困难的。笔者以系统论的观点,即将传统文化的结构要素分为物质的、制度的、心理的(精神的)三个方面,并把这三个方面与传统民居建筑文化的密切程度归纳如下:

(1)根据物质文化系统的内涵,定其要素以经济为主,包括经济类型、经济思想、经济政策及经济形态等。它是生产力的表现形式,是基础与前提。它也是人们采取何种生存与居住方式的前提和决定因素。

（2）根据制度文化系统的内涵,定其要素为家庭结构及由此而形成的宗法等级制度等。它是生产关系的表现形式,是制约因素。在中国传统社会中有所谓"家国同构"之说,即家庭之外的社会关系,如同乡会、帮会等直至国家,都有一种类似亲属血缘关系的现象。它从内外两方面制约着传统民居的空间形式及其他各建筑要素。

（3）根据精神(心理)文化系统的内涵,定其要素为宗教、哲学等思想体系。从原始社会的原始祖先崇拜及图腾崇拜,到后世的儒、释、道等各大宗思想文化体系,都起了决定意义的导向作用,直接影响到人的心理层次上,包括审美趣味、价值取向、道德修养等。它引导着古人的生活方式,从而对传统民居产生或浅或深的多层次影响。它有时还表现为在一定范围内,被公众认可的、共同的习惯思维方式,即民俗文化。不同的地区、不同的民族都有自己的民俗文化,这种文化对传统民居的选址、整体布局及外部造型都有着重要影响(图4.1)。

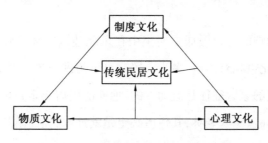

图4.1　文化系统与民居文化关系简图

中国传统民居是中国传统文化的重要载体和有机组成部分,它作为中国传统建筑的一个重要类型,凝聚了先民的生存智慧和创造才能,形象地传达出中国传统文化的深厚意蕴,从一个侧面相当直观地表现了中国传统文化的价值系统、民族心理、思维方式和审美理想。三大系统的要素与传统民居文化的相互作用并不是独立的,它们之间相互联系、相互影响、相互融贯,共同构成中国传统文化的整体,作用在各民族的传统民居上,从而历经千百年,形成了独具一格的中国传统民居文化。

第二节　传统民居形态的物质文化要素

一、物质文化要素提要

物质文化,是指为了满足人类生存和发展需要所创造的物质产品及其所表现的文化,包括饮食、服饰、建筑、交通、生产工具以及乡村、城市等,是文化要素或者文化景观的物质表现方面。凡是人力曾经或正在作用其上的一切物质对象均可视为物质文化,包括生产工具、生活用品以及其他各种物质产品。

物质文化是人类改造自然的对象化产品(有形)。物质文化具有物质性的特征,这是物质文化区别于其他文化存在形式的关键所在。

根据物质文化系统的内涵,定其要素以经济为主,包括经济类型、经济思想、经济政策及经济形态等。它是生产力的表现形式,是基础与前提,是人们采取何种生存与居住方式的前提和决定因素。

二、经济类型与中国传统民居

经济类型是文化发展的基础,是人们生存所必需的食物的寻求方式的发展,它从根本上影响到人们的居住方式。

历史上中国经济文化的分类为:渔猎文化、畜牧文化和农耕文化三个主要类型。

1. 渔猎文化

受渔猎经济类型影响的传统民居主要集中在东北地区。鄂伦春族、鄂温克的赫哲族因经济文化落后,居住文化也相对落后,多为穴居或巢居的进一步发展,如撮罗子和马架子等。以渔猎为主要生活方式的家庭往往是流动性的,他们的民居必定是可拆卸、可转移的毡房或帐房。狩猎者需孤军作战、深入老林,其住屋必定是就地取材、简单易建的撮罗子(用桦树搭盖的尖顶棚)形式(图4.2)。

图4.2 撮罗子

以赫哲族为例。赫哲族在渔猎生产中需要在鱼汛期间搬迁到固定的捕捞场所运用底网法捕鱼的居住行为需求。网滩是赫哲族人根据鱼的活动规律和江水内的鱼情确定的固定打鱼地点,是利用底网捕鱼的集中捕鱼场所。每年鱼汛来临的时候,很多赫哲族人都要迁移到网滩去捕鱼,且整个鱼汛期间都固定居住在网滩上,从而形成了一个坐落在河边相对稳定的季节性聚居区。网滩聚居区既是从事渔猎生产的劳动场所,也是一个相对固定的聚落,与赫哲族人的渔业生产紧密相连。网滩聚落一般是由各种临时性建筑"昂库"组成的,这些昂库在江岸上紧密排列,组成前后并列的两排街道,形成了赫哲族人鱼汛期间较稳定的居住区域。赫哲族以这种紧密排列的、街巷式的网滩聚落展现出了鱼汛期间的渔猎文化特点。此外,还有一种形式的昂库叫树上昂库,是在夏季鱼汛期间搭建在网滩上用来躲避洪水的建筑形式,它利用自然树木的结构支撑作用将建筑建造在树干上,抬高建筑底面,使洪水可以从建筑底部通过,满足特殊时期在网滩上的居住需求(图4.3)。

图4.3　树上昂库

2. 畜牧文化

受畜牧经济类型影响的地区的传统民居以蒙古包为代表。蒙古族聚集的内蒙古自治区位于我国北部,幅员辽阔,阴山山脉横贯其中,黄河河套流于南境,水草丰美,是天然的大牧场。蒙古族人多以放牧为主要生产方式,长期的游牧生活形成了其民族特有的居住方式。牧民所住的蒙古包是一种天幕式的住所,屋顶为圆形尖顶。蒙古包是满族对蒙古族牧民住房的称呼,"包"在满语中是"家""屋"的意思。蒙古包古代称作"穹庐""毡包"或"毡帐",是内蒙古地区典型的帐幕式住宅,以毡包为最多见,通常用一层或二层羊毛毡子覆盖,门一般朝向东南方向。蒙古包的最大优点就是拆装容易,搬迁简便。传统上内蒙古温带草原的牧民,逐水草而居,每年大的迁徙有4次,有"春洼、夏岗、秋平、冬阳"之说,由于游牧生活的需要,以易于拆卸迁徙的毡包为住所,因此,蒙古包是草原地区流动生活的产物(图4.4、4.5)。

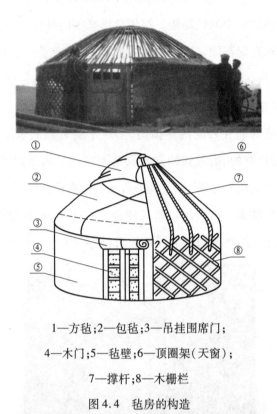

1—方毡;2—包毡;3—吊挂围席门;

4—木门;5—毡壁;6—顶圈架(天窗);

7—撑杆;8—木栅栏

图4.4 毡房的构造

图4.5 藏族牧区民居

3.农耕文化

农耕经济文化下,因定居及经济发达等原因,房屋居住发展日渐成熟。

农耕文化是第一次社会大分工的产物。由于生产力的发展,人类开始饲养家畜、栽培作物,为定居生活提供了条件。此时人类的居住条件已有很大进步,建立了永久性和半永久性的房屋。在黄河流域、东北地区、西南地区和中国台湾地区最先产生了农耕粟作文化;在长江流域和东南沿海还产生了农耕稻作文化。

农耕文化是中国封建社会的主体文化,它所反映的物质文明应该说更具社会代表性。今天我们研究它,是为了揭示这种封建文化的历史价值。农业是封建社会的经济命脉,故在经济因素中首重的是农业生产。当时以手工方式耕作的农民的聚居地,一般选在耕田附近,形成规模不大的居民点——农村。

农耕文化类型与传统民居特征。

(1)河谷、丘陵型农耕文化。建筑形式凝重,较封闭,精工细作,文化深厚,质量优异,保存状态较好。

(2)山前平原型商业文化。建筑形式隆重,重装饰,形式、做工考究,质量极佳,规模宏大。

(3)丘陵–平原交汇的、交通发达地区的农商结合文化。建筑既具有灵活、开放姿态,又有淳朴自然的特征。

(4)平原型、交通发达的,以商业、流通业、农副产品集散为主的产业性文化。建筑观念开放,形式灵活,开朗明快,城镇规模大。

(5)低洼平原,有流动性的农耕文化。由于地处下游,洪涝频仍,建筑被反复破坏,重复建设,建筑存在临时性意识。建筑形式凝重、高大、板正,做工粗糙,装饰繁杂、夸张,世俗色彩浓重。

(6)以水网平原为主的鱼米型农耕文化。建筑形式开放,布局灵活、轻巧,装饰繁多,色彩艳丽。

(7)深山区或封闭型盆地,以自然经济为主。建筑质朴随意,形式小巧,做法因地制宜,规模质量有限(图4.6)。

图4.6 山地农村聚落

三、经济制度及其政策与传统民居

秦汉时期,随着秦的统一,中国的文化开始定型,并有制度化、模式化和程序化特点。封建土地所有制的确立,成为此后两千年封建社会的根本经济制度,并成为封建社会政治制度、思想文化制度的基础。汉代土地买卖制度的确立,使本已私有化的土地可以买卖。当时不仅权贵豪门和富商大贾大肆抢购土地,而且农民也纷纷节衣缩食地去购买土地,而土地兼并日益严重带来的矛盾是整个中国封建时代永远无法解决的问题,也是社会动乱的总根源。

失去土地的农民,除一部分"亡逃山林,转为盗贼"(《汉书·食货志》)外,大部分留在了农村,他们为饥寒所迫,不得不接受地主的担佃条件。虽然付出了许多劳动,然而依然是"窭贫空乏日以甚,终岁不能支一家"(陶煦《租核·推原》),陷于异常的贫困之中。由于大多数农民不能专靠佃耕小土地来维持生活,而必须兼营一点家庭副业来补充生活的不足,于是小农业和小手工业紧密结合的小农制经济,就成了社会经济结构的基本核心。

由于农民普遍贫困,南方人多用干栏建筑,北方人多用穴居,所谓"南越巢居,北朔穴居,避寒暑也"(张华《博物志》),就因为它们经济适用而长期成为南北两地常见的住宅类型。

由于中国传统的经济思想是求均,所以伴随着土地私有制度同时开始的便是中国的多子平分财产的继承制度,其结果是:一方面多生多育加强劳动力;另一方面地产经两传三传、一分再分而变成零星小块。小农家庭只要有一头母牛死亡,就足以打断其再生产,倘再遇天灾人祸,常使自己直至社会经济遭受毁灭性地打击,这些都是导致大多数农民贫困的原因。食不果腹,自然也顾不及房屋的建设,从这一点来看,我国传统民居的发展极其缓慢的主要原因之一就是封建土地所有制。

中国古代历代都施行抑商政策,但作为自然经济之补充的商品经济,在一定的时期内还是比较发达的,如西汉中叶时商品经济曾达到相当高的水平,其后也一直有所发展,且对传统民居也起了一定的影响。在元代,由于有不纳税的特权,在国内外经商的大多是回族人,他们的每个家庭因而大多都成为一个经济单位,常见商店、作坊、加工场等和住宅紧密相连,或者加工场就在庭院内,"前坊后宅"的形制十分普遍。再有山西晋纷区,平遥古城内,亦有前店后宅的形制,且较完善,中间还有管理用房及客房的过渡。此外,河北一带也有此类形制的建筑(图4.7)。

经济中心南移之后,江浙一带经济较发达,成为全国的经济重心,因而也多有下为商店上置卧房的形式。浙江东阳城西街杜宅兼营多种副业,房屋以规整的三开间楼房为主体,西面临街加一小店面,全宅的生活起居与养猪种菜等副业生产以厨房为界,互不干扰。临街小

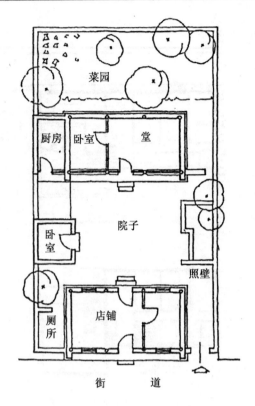

图4.7　河北宛平县住宅平面图

店面,上部设置存货的小阁楼(图4.8)。此外陕南、四川、湖广一带亦有前店后宅式。

　　清代的资本主义已过了萌芽时期,城市商业继续保持繁荣,北京已成为全国贸易的中心,民居也出现了商品化的倾向。据《大清会典事例》记载,北京皇室曾数次建造简易用房以出租。浙江亦曾有一种所谓"十四间房"的民居,亦为分户租用式,图4.9、图4.10为租给考生的用房。北京东城也曾建造一区民居以供出租,中间为交通巷道,左右分列数重三合院。

　　明中叶至清代乾隆年间,票号、银号已相当活跃。票号又称票庄,主要办理汇兑业务;银号就是钱庄。山西平遥、大谷一带商人多开设票号、银号,主要业务是代官府解钱粮、收赋税以及代官商办理汇兑、存款、放款、捐纳等事,因而这一带也多有前店后宅式的票号住宅,且规模较大。经济结构对单体营建的影响见表4.1。

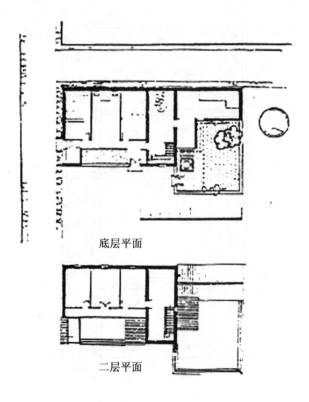

底层平面

二层平面

图4.8 浙江杜宅平面

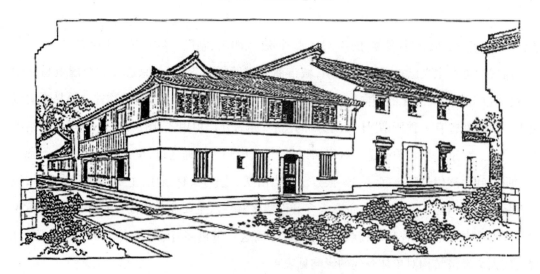

图4.9 浙江吴兴红门馆某宅透视

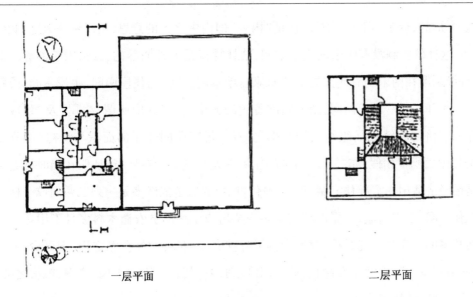

一层平面　　　　　　　　　　　　　二层平面

图 4.10　浙江吴兴红门馆某宅平面

表 4.1　经济结构对单体营建的影响

	经济结构		
	牧业、渔业	农业	手工业、商业
营建理念	便于拆装、移动和运输,繁文缛节常予以省略	居所营造较为慎重,并将之视为"家代昌盛"的载体和标志	便于获得更多的商业空间
空间类型	空间单一,一般为单栋式,内不分间,多功能在空间中合一	类型多样,单栋、院落、单层、多层皆有,有与农业生产密切相关的储存、牲畜圈、晒坝等空间	商居坊一体化(下店上宅、前店后宅、前店后坊),南方临街界面较开放,多雨地区常有檐廊或骑楼设计
空间尺度	规模小,重量轻	灵活多变、视用地及财力而定	多小开间,大进深,向高处发展

四、经济形态与传统民居

我国古代的经济形态是小农制经济,此经济类型带来的是大多数农民的贫困落后以及少数地主及官僚的富裕。

自汉代出现常用住宅单位,即所谓"一堂二内"制度后,因其经济适用,成为一般平民所最喜用的制度。"内"之大小是一丈见方(一丈约为 3.33 米),"堂"的大小等于二"内",所以住宅平面是方形的,近于"田"字。后世所谓"内人"即内中之人的意思,用以称呼家庭妇女,(图4.11)。这样的宅制没有多余的生活空间,估计牲畜是另外圈养的,或另围院圈养。佃户的住宅等级制度在南宋初有明文规定:"每家官给草屋三间,内住屋两间,牛屋一间,或每庄盍草屋一十五间,每一家给两间,余五间准备顿放斛斗⋯⋯"其中所谓"牛屋"及"顿放斛斗"正是小农经济对传统民居组织结构影响之一例,每家两间住屋的面积与汉初"一堂二内"制度的住屋面积很相似,亦可见双间制的住屋由先秦到宋皆在盛行,证明在当时社会条件下,这是最经济适用的官准住宅制度。至清代,佃户的房子依然多是一列三两间或一横一顺式,两人住一间,中为堂屋,房屋的结构也多为草房或土房。贫农遇木料多且不用花钱之处,也有间数多的。究其功能结构,堂屋为供祖拜神之处,兼有对外会客之用,不可少;家庭结构人员一般至少有父母及子女两代,故二间卧室必备,其余者则为牛棚、猪圈、粮房之类,此为最经济的家庭结构组成。

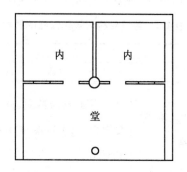

图4.11 西汉"一堂二内"住宅示意

较为富裕的自耕农或富农、小地主等则有合院形制的住宅,一般为三合院或四合院(南方称三合头和四合头)。除了正房外,又加入左右厢房及下房。明清时,四合院的形制多在前左右三面房屋中间砌墙,使一间半式房屋成为二间,因其最为经济适用,室内除去火炕的位置尚有回旋的余地,今之内蒙古及山西仍有沿用(图4.12)。

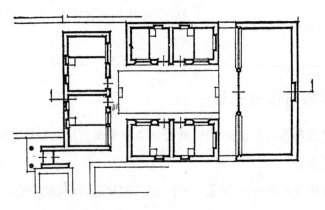

图4.12 山西襄汾连村柴宅

　　由于附属用房所占比例较大,直接影响到住宅的形制和布局,于是将牲畜圈栏于下,而居室于上的住宅形式较为多见,如藏族的碉楼、傣族的竹楼、广东一带的棚居、广西的麻栏、布依族的岩石建筑住宅等;也有将牲畜用房于主屋边另建而附其侧者,北有朝鲜族草房,南有大理白族土掌房,江浙一带亦为多见;还有将较多的附房与主房合置而成合院形制的,如东北的满族大院(图4.13～4.17)。

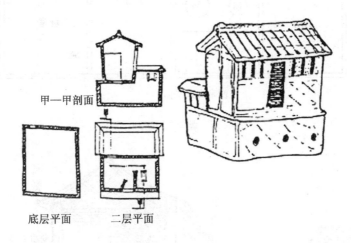

图4.13　广州棚居

图4.14　水上棚屋

　　一般来说,富人的宅院工料考究、精雕细绘,布局也是院落重重。晋中地区,清代商业繁荣,富商巨贾云集,因此晋中地区的传统民居有许多规模宏大的集中式宅院群,基本都是由四合院建筑并联或串联组合而成的。富家大宅多高大坚实,天井较窄长,如祁县乔家大院;

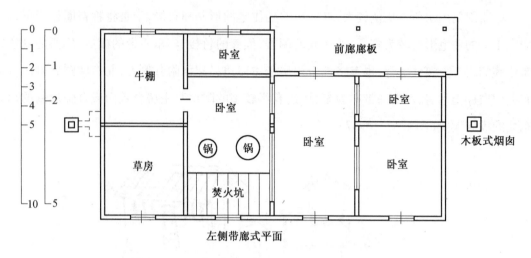

左侧带廊式平面

图 4.15　朝鲜族草房平面

图 4.16　云南白族土掌房剖视图

而平民的住宅则以合用为目的,经济为要务,结构方面也选用最经济适用的材料:如墙多为土坯墙、夯土墙、编竹夹泥墙、乱石墙、木板壁;屋架则以木、竹;屋顶则以灰泥、茅草、树皮、石板、瓦顶;屋内地面有土灰、三合土、砖、楼板等;台基则多以石砌。

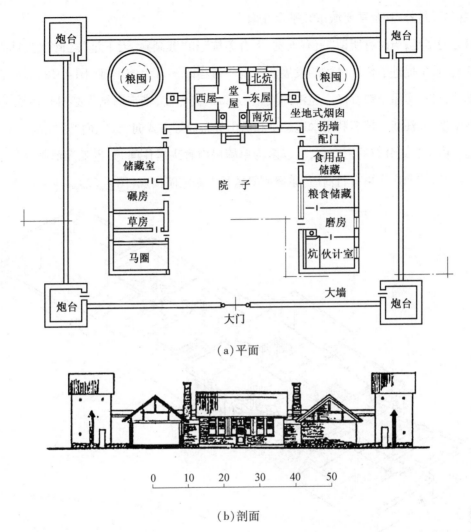

（a）平面

（b）剖面

图4.17 东北满族大院平面、剖面

五、经济重心与传统民居

中国古代的农业经济最初发祥于黄河中游的黄土谷地，包括汾河、渭河、泾河、洛河等大支流的河谷，即仰韶文化遗址或彩陶文化遗址分布的核心地区。

春秋至战国时，黄河中下游地区的经济开始遥遥领先于其他地区。秦汉时期，黄河中下游地区经济继续高涨。但两晋南北朝时期由于中原地区战乱弥漫，北方经济逐渐衰退，江南地区日渐得到开发。到了五代北宋时期，南北经济地位完成了转换，江南地区终于取代黄河中下游地区而发展成为全国的经济重心。

经济重心南移的结果，一方面是中原士大夫将中原文化带往南方；另一方面是中央政府对南方经济的依赖，加之南方人口密度越来越高，使得行政区的划分也越来越细。至北宋末年,除首都开封外,其余重要城市几乎全在南方。

南方的富足,当时有所谓"上有天堂、下有苏杭"和"苏湖熟、天下足"之谚(《吴郡志》)。经济的发达,也促进了传统民居的发展。江南一带当时多有大宅出现(图4.18),城市人口多至千数百口、房屋至数百区。经济的发达,人口的高密度,带来的结果必然是传统民居建筑的高密度,如江浙一带多利用水边悬挑和借山势布局等方式向"天"、向"水"、向"山"借居住空间。由于建筑分布的密度高,所以多为单幢房内解决居住问题,也就无形制可言了(图4.19~4.21)。而广东更有竹筒屋、单佩剑等狭长形制宅院出现(图4.22)。

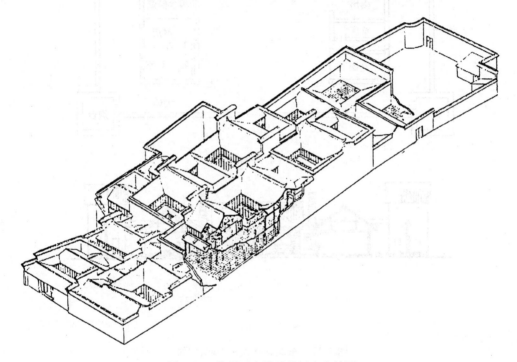

图4.18　苏州西白塔子巷旧李宅轴测

由于人口增多,宋代的乡远比唐之五百户多,地方政府见每里百户的限制已不可行,渐改为地域划分。至清代,乡已不再是地方的行政单位,而成为整个乡村的代名词了。乡约的出现始于《周礼》,目的是为了提倡伦理道德,促进民间交流及经济合作,同时也对淳朴民风的形成及以道德为主的传统和文化的普及起了促进作用。和别处迥然不同,江南一带邻里间亲切和谐的尺度感,也正是作为经济重心的区域中的特有现象。

在城市,这种现象则以江南商业繁荣的城市中的里坊制及其突破而体现。一方面如夜市、庙会等可以活跃城市气氛,打破夜间闭户不出的规定;另一方面,正所谓"街坊邻居",紧紧相靠的邻里关系、亲切的交往空间,体现了"远亲不如近邻"的民俗。

图 4.19 杭州梅岭殷宅透视

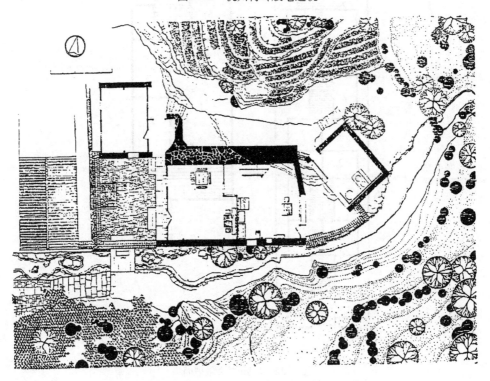

图 4.20 杭州梅岭殷宅平面

图 4.21　浙江文村某宅

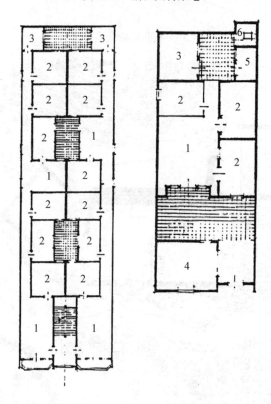

图 4.22　广州竹筒屋平面

1—厅堂;2—卧室;3—厨房;4—客房;5—储藏间;6—厕所

第三节　传统民居形态的制度文化要素

一、制度文化要素提要

古人云："物以类聚，人以群分"。人以群而结合的方式多种多样，然而以大类来说，不过三种，即血缘、地缘、业缘三大类。其中血缘是人类最原始、最自然的结合方式，不论在何种社会文化中都有极其重要的地位，而在中国传统文化中更是如此。中国的人际关系，讲究五伦，即君臣、父子、夫妇、兄弟、朋友。其中君臣如父子，朋友如兄弟，五伦皆从血缘而来。离开宗族亲戚，中国社会便没有了着落，中国的人伦道德也无从说起。所谓以家族为本位和以血缘关系为纽带的宗法等级关系及由此而进一步产生的宗法礼仪制度，自秦开始就构成了中国传统文化的一个重要组成部分，它对人民生活的方方面面都产生了极其深刻的影响，而传统民居的建筑文化更是如此。

制度文化是指在一定历史条件下，经由交往活动缔结而成的社会关系以及与之相适应的社会活动的规范体系及其成果，又称为规范性文化。从内容上看，制度文化相当复杂，不仅包括经济制度、家庭制度、婚姻制度、政治制度、法律制度，还包括礼仪制度、行为规范、风俗习惯等。根据与传统民居的密切程度，本章在阐述了有关基本概念的基础之上，重点从氏族制度、家庭人口结构及宗法等级制度几个方面进行分析。

二、基本概念

1. 家庭

家庭是在原始社会末期随私有制的产生而逐渐形成的，人们在家庭里组织生产，从家庭里获得生活资料，与家人同生存共荣辱。不同类型的家庭本质上是由其物质生活条件所决定的，是为统治阶级的政治制度所支配的，因而职能各有不同。家庭使人类由群婚制进入了文明时代，父权家长制成为普遍存在，不论贫穷富裕。古人的政权、族权、神权和夫权其实都是建立在父权的基础上的。

《荀子·致仕》说："父者，家之隆也"。一个家庭中除家长外，均为家属。几世同居同财的大家庭还包括支系亲属、旁系亲属和有宗族关系的亲属在内。另有所谓部曲、奴婢。部曲者，类兵制的私人服役人员。奴婢者，男称奴，有所谓"童""仆""僮奴""奴僮""奴仆""家僮""家奴""苍头"；女称婢，有所谓"青衣""女奴""家婢""丫鬟"等。

汉代起即有累世同居之风，后世沿袭不衰。如《嘉泰会稽志》载："平水云门之间有裴氏,自齐梁以来七百余年无异炊,……,盖二十四五世矣。"因此往往说家有成百上千口,也不足为怪。

2. 宗族

宗和族是在不同的历史阶段上和家庭相伴存在的复合体。西周奴隶主贵族通过分封土地和奴隶的办法来实现家天下的统治,因而相应地产生了宗法制度。宗法的组织,所谓"别子为祖,继别为宗。继弥者为小宗"(《礼记·大传》)。宗者,就是祖,统牵的意思。所以,只有嫡长子的诸弟(别子)可以祭祖,世代嫡长子为一宗的正支,是为大宗,而弟弟则不可祭祖,继承者为一宗的旁支,是为小宗。

奴隶制家天下的崩溃导致宗法制度逐渐失去了赖以生存的社会基础,可是由于儒家在政治、法律、道德诸方面竭力倡导宗法制度,因此宗法制度及宗法观念得以贯彻封建社会始终。秦以后,适应小农制经济生产关系的需要,取代宗法组织的是族和家并存的局面。族,一般称之为宗族。宗族是比较松散的联合体,但多数宗族都采取结集形态聚族而居。汉以河南为多,南北朝时盛行。清代"强宗大姓。所在多有。山东西江左右以及闽广之间。其俗尤重聚居。多或万余家。少亦数百家。"(《皇朝经世文编·聚民论》)只要是族人,"同昭穆(辈行相同)者,虽百世犹称兄弟"。(《颜氏家训·风操篇》)。有所谓"光宗耀祖"之说,即指宗族而言。又有所谓"株连九族"之说,也是如此。

3. 亲属

古人在"齐家治国平天下"的理论指导下非常重视亲属关系,法律根据男系重而女系轻的原则,将亲属分为宗亲、外亲、妻亲三类。宗亲指同祖同宗的亲属,包括同一祖先所出的一切男性亲属和女子本身及过继之亲戚;外亲指女系血统的亲属;而妻亲仅指妻之父母。从亲系上说,宗亲是男系亲,而外亲和妻亲则是女系亲。

古代的乡里多是有血缘联系的同姓宗族,唐有《户令》中"付乡里安恤"的条文,规定了较远亲属亦有抚养的义务。而古之四邻,其实大多都是远房亲属。

三、氏族制与传统民居

在距今十万年前的穴居和巢居的时代,人类社会进入了母系氏族公社社会,至距今六千至七千年时发展至兴盛时期。在源于黄河中游的原始社会晚期母系氏族公社制的仰韶文化遗址中可以看出,此时人类已经定居下来,并以农业为生产手段。

其中位于陕西临潼县城北的临河东岸台地上的姜寨遗址,由居住区、烧陶窑场和墓地组成。居住区有中心广场,周围房屋分作五群,每群的中心为一座大房子,四周有20余座小房子环绕。其中大房子为氏族首领居住及成员议事之所。

现有"活化石"之称的云南宁蒗泸沽湖畔的纳西族,他们的房屋的形制仍与古之"对偶婚制"所形成的公社布局有很多相似之处。

今宁蒗摩沙人(古纳西语"牧牛人"之意)的婚制称"阿注婚"制,又称"走访婚"制,他们中的一部分奉行"家中无父,只知有母"的母系氏族制度。家中以最年长者主持,女子十三岁便行"成丁"礼,此后便被允许过婚姻生活。行礼后的女子会单独搬到专为她准备的"花骨"中去住,夜间便在此接待男阿注(相好),清晨男阿注返回自己的母家吃饭、做活,所生子女一律由女方抚养。

住屋中的"一梅"是"祖母房",住着女性家长,是全家的活动中心;过了婚期的老年男子,只好在"一梅"的边屋中起卧,直到离开人世(图4.23、4.24)。

在距今五千年前,我国黄河流域及长江流域部分地区进入了父系氏族公社时期。农业和饲养家禽的发展,促使手工业和农业分离,私有制开始出现,而在父系氏族公社中第一次由"家族"产生了"家庭"的原形,出现了双室相连的套间式半穴居,平面成"吕"字形(图4.25),以及多室相连的长条形房屋(图4.26)。家庭使人类由群婚制进入了文明时代,此后父权家长制逐渐确定巩固,开始成为普遍存在。

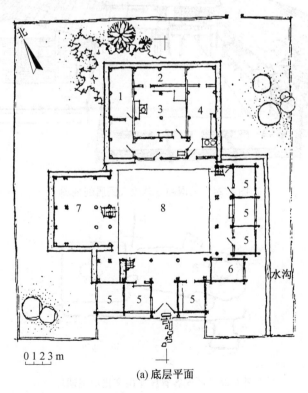

(a)底层平面

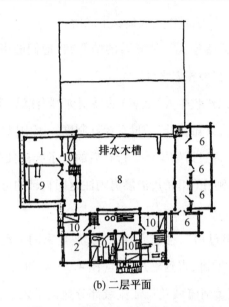

(b) 二层平面

图4.23 宁蒗永宁公社某宅平面图

1—贮藏;2—粮仓;3—堂屋;4—厨房;5—畜厩;6—草库;7—柴房;8—院子;9—经堂;10—卧室

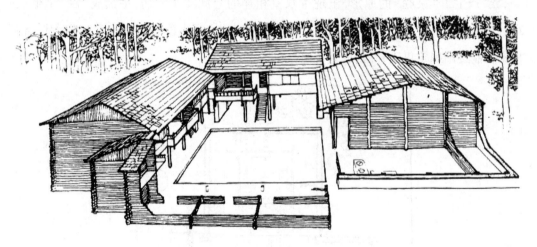

图4.24 云南丽江摩梭人民居剖视图

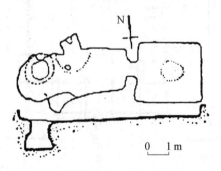

图4.25 西安客省庄龙山文化房屋遗址

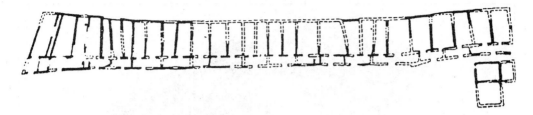

图 4.26　河南淅川下王岗长形房屋平面

四、家庭人口结构与传统民居

公元前 21 世纪,中国进入奴隶社会时期,其时有《周札·地官·小司徒》记载:"以七人、六人、五人为率者,有夫有妇然后为家,自二人以至十人为九等,七、六、五者为其中。"又有南宋李心传《建炎以来朝野杂记》中曰:"两汉户口至盛之时,率以十户为四十八口有奇,东汉户口率以十户为五十二口,唐人户口至盛之时,率以十户为五十八口有奇"。由此可见,传统家庭多为小家庭,不过这是指平民家庭,宋、元、明、清以来,平民家庭多为所谓"五口之家"。

由于受宗法思想的影响,以及受自然经济模式的制约,使人们以人丁兴旺为乐事,每个宗族都以此作为扩大劳动力和壮大家族势力的重要的、可靠的方式,而占意识形态主导地位的儒学所宣传的"不孝有三,无后为大"更是从精神上刺激了人口再生产。此外,从事农业生产的家庭总希望能多生儿女,以求能有空闲之人去读圣贤书以求仕进,光大门楣。但此类家庭多由于贫穷而导致婴孩夭折或老者寿短,及兄弟分家、各谋生计,较为容易生存。

古代社会至西周,正式形成父权及长子独尊的宗法制,而婚姻则是氏族外婚而兼妾媵从夫居住的复婚制。孟子有曰:"仰足以事父母,俯足以畜妻子。"即是说一个家庭至少要包括父母、兄弟、子女三代,而三代人之居室化正是三合院的由来,如加上仆人类则成四合院的形制(图 4.27),如再有多世同居的,多建别院拼合。不过,合院建筑也多为富人才有,穷人多只有单幢房屋,正如所谓"一堂二内"之类,人口再多就在房侧加间数,即明间不变,次间加多(图 4.28)。由我国历代家庭人口平均数(图 4.29)可知,五六口人的家庭居多。

多代同居的大家庭,我国历史上称之"义门",义门之大家庭,多成为美谈。然而各家庭成员必须互相克制容忍方能和睦相处,否则稍有摩擦冲突必然导致析产分家,故多代同居者自古少见。图 4.30 和图 4.31 是聚族而居的传统民居大宅院的例子。

魏晋南北朝是我国历史上最重视门第的朝代,其时世家巨族因天下大乱而南逃,举族迁徙,浩浩荡荡。到了南方后,由于人生地不熟而不能和当地居民融洽相处,只好聚族而居维持原来门第。其中有迁至江西中部地区的;唐末黄巢起义时,又有再迁入闽汀宁化、汀州、上杭、永定一带者。永定一带著名的客家土楼,如高大的圆形土楼、前低后高的五凤楼等便是

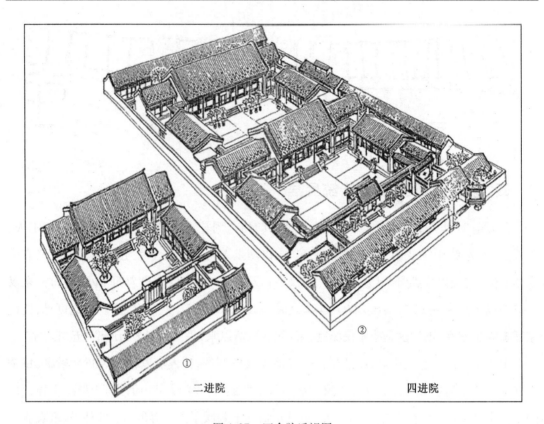

图 4.27　四合院透视图

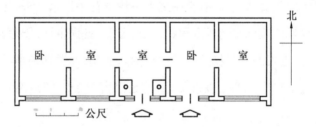

图 4.28　哈尔滨市某宅平面

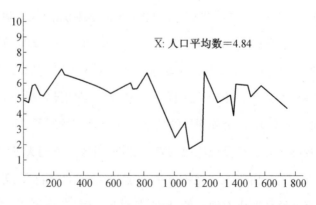

图 4.29　我国历代家庭平均人口数

图4.30　湖南岳阳县张谷英宅院

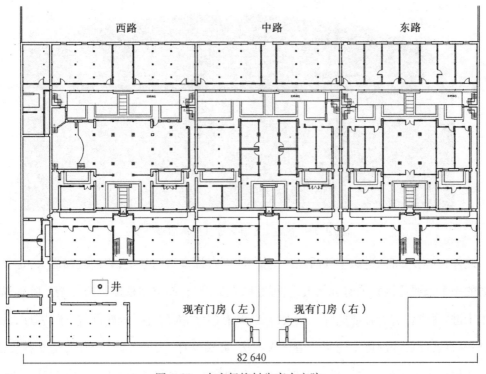

图4.31　南京杨柳村朱家大宅院

很好的实例。聚族而居的另一原因则是因当地盗匪猖獗,如此聚居的封闭形制比较安全。浙江黄岩一带亦有高大的五凤楼形制,可能也是世家南迁的一支。此外,广东潮州一带亦多有聚族而居的土楼(图4.32~4.38)。

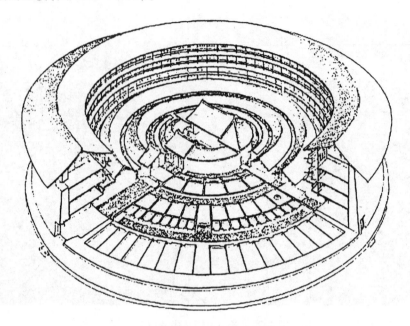

图4.32　福建永定县客家住宅承启楼剖视图

图4.33　福建永定县客家住宅承启楼外观

此外,江南一带因世家南迁后经济富裕,因而有许多富商豪宅,它们规模庞大,也是聚族而居的一个重要原因。如有苏州大宅,因家庭人员繁杂,而空间秩序也极复杂。院落纵深分为若干进,每进皆有天井或庭院。从大门起,则有门厅、大门、院子、轿厅、院子、客厅,此为前院;后院自客厅后经垣墙及门楼一道进入上房,亦称女厅,为楼五间连厢房,是女眷生活处,外人及执役男子不能入内。最后为下房,是女婢住所。而两侧轴线则排列有花厅、书房、卧

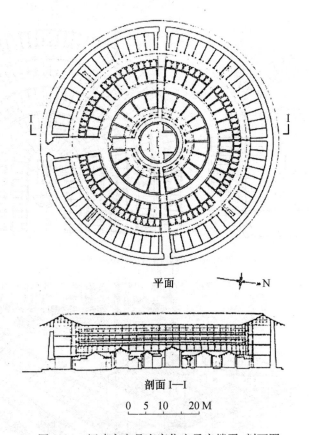

平面

N

剖面 I—I

0　5　10　20 M

图 4.34　福建永定县客家住宅承启楼平、剖面图

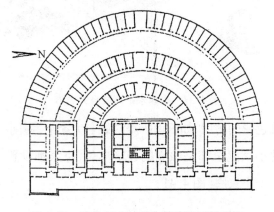

N

图 4.35　梅县市南口区乌鸦落阳民居平面

室及至小花园、戏台之类。

历史上秦时曾明令："民有二男以上不分异者,倍其赋。"于是产生"富家子壮则分,家贫子壮则出赘"的风尚。自此以后,析分家产,不论其为士大夫或平民,相沿成风。

分居之中亦有没有能力另盖房而仅在原房中以隔栅分之而成两户的形制(图 4.39);又有两房相连而建,共成一体的(图 4.40);也有没有血缘关系,但却借其侧墙盖房而成一体的。

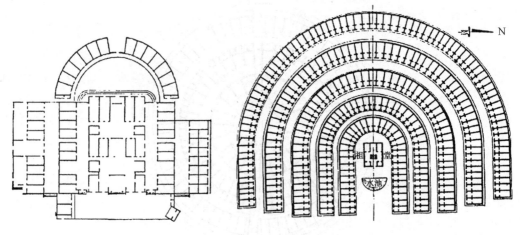

图 4.36　梅县白宫棣华居平面

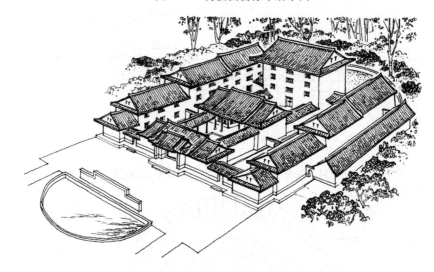

图 4.37　福建永定高陂乡大夫第

但也有大家庭公社色彩的房屋,如云南下寨村姚老大家宅,为同一血缘与不同血缘的小家庭同住的院落。这些小家庭全都是独立的经济单位,每家都设置一个火塘,屋内炊烟缭绕。全院共有 28 人,五个小家庭(图 4.41)。

五、宗法礼仪制度与传统民居

宗法制度是中国传统社会的一套始终维护和持续不断地以血缘关系为纽带、以等级关系为特征的社会政治和文化制度。从源头上讲,宗法制度是由氏族社会的血缘关系在新的历史条件下演化而成的,产生于商代后期。西周建立后,由于周人有着悠久的农业生活传统,而且宗族关系在人们生活中占突出地位,统治者为维护其统治地位,便在商代宗族制度的基础上建立了一套整体完备、等级严格的宗法制度。

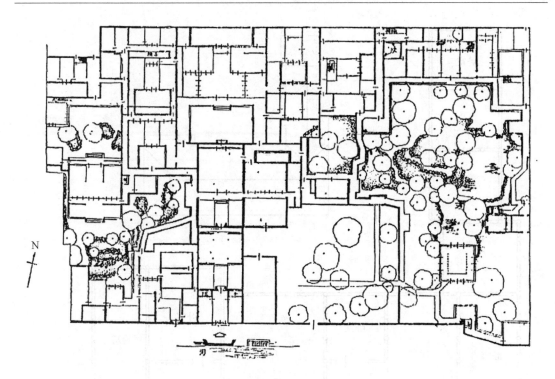

图4.38　苏州小新桥巷刘宅平面

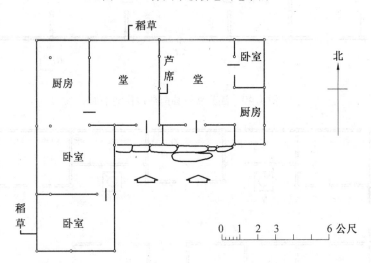

图4.39　浙江杭州市玉泉山住宅平面

　　宗法制度对中国传统民居的影响是深刻而又广泛的。无论是传统民居聚落景观的构成，还是传统民居的建筑布局，抑或是营造规格、建筑装饰，无不透射出宗法伦理观念和礼制等级思想的气息。中国农业社会的长期延续、以农耕生活为基础和宗族文化心理根深蒂固，决定了宗法制度对中国传统民居的发展产生的影响是自始而终的。

1.传统民居布局与方位的礼制性

　　"礼"是宗法制度的具体体现和核心内容，既是规定天人关系、人伦关系、统治秩序的法

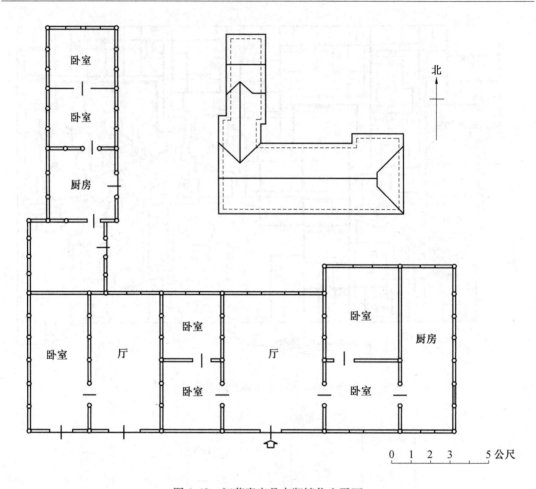

图 4.40 江苏嘉定县南翔镇住宅平面

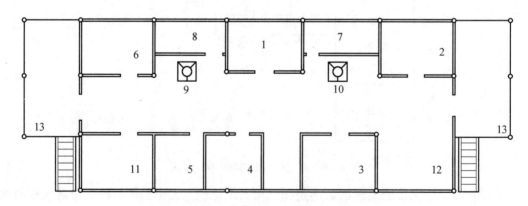

图 4.41 下寨村姚老大家大房子平面示意

1—老大家庭;2—老二家庭;3—老三家庭;4—大女儿家庭;

5—女儿家庭;6—收留投靠者;7—佛爷(僧侣)休息处;8—客房;

9—火塘;10—煮饭火塘;11—粮仓;12—农具;13—晒台

规,也是约束生活方式、伦理道德、生活行为、思想情操的规范。"礼"带有强制化、规范化、普遍化的特点,制约了包括传统民居在内的中国古代建筑活动的方方面面。

传统民居根据礼制的空间方位布局体现在以下三点:一是建筑常以中为上、后为上、前为下、左为上、右为下,距中轴线或正厅近者为尊、远者为卑的方位等级原则,根据使用成员的地位尊卑依次排布院落和空间并进行空间分配;二是重要建筑(正厅、正房、祖堂等)沿主轴线布置,轴线两侧对称布置其他院落及附属用房;三是前堂后寝制度更为明确(图4.42、4.43)。

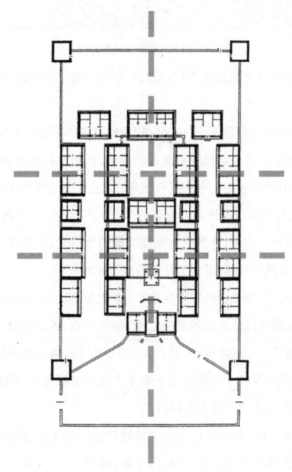

图 4.42　吉林省双辽县吴宅

2.传统民居中体现的宗法和宗族制度

宗法制度最早从秦代开始就有了文字汉载,如《论语》《春秋谷梁传》《礼记·礼器篇》《墨子》《周礼·考工记》,而最晚从唐代开始,政府已有建筑等级制度明文规定,大至城市的中心轴线、楼层数、间数、架数、屋顶形式,台基高度等,小至琉璃瓦、屋饰、柱础雕镂、色彩、彩画、藻井、门高、门钉路数、匾额形色等。这些规定是官式建筑必须遵守的,而民间建筑本身

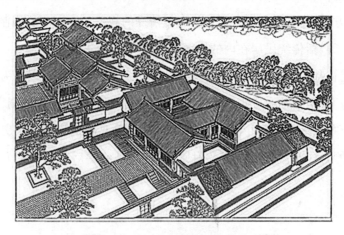

图 4.43　后英房遗址复原图

较为自由,受约束较少因而能创造出不同风格的传统民居。但归根结底,宗法制度为其根基、为其文化本源。

中国文化在殷周时期开始孕育,至秦汉时期成熟并基本定型。在封建土地所有制的基础上,秦汉统治者建立了为中央集权统制服务的政治、思想文化制度和伦理道德观念规范。秦王朝是权力高度集中的专制主义中央集权国家,与之对应的便是国家观念和王位继承方面的"家天下"。汉代为了巩固这种君主世袭的"家天下",还从宗法制度上使"嫡长子继承制"成为君主世袭的原则。后来,这种宗法制度又成为地主贵族、皇室们分财产和权力的重要原则。宗法制度由秦汉时代始,贯穿于此后的整个封建社会。

宗法社会的人与人、人与社会组织以及社会组织之间以血缘关系为联结纽带,每一个人都依血缘的亲疏,被固定在社会组织的网络之中,各有等级、各安其分。而不同人的宅院代表不同的人的身份、地位。一家之中,不同的人住不同的房,而其所居住的房屋的等级也是其在一家之中身份地位的反映。封建社会从根本上就是个等级分明的社会,其至尊者即为天子,古人认为天为最大,天之子即为人间君王。

"田字"式或"一堂二内"是由商代至汉朝最通行的一般平民建宅制度。而贵族宅制则有《周礼·考工记》所记载的明堂制度:"东西九筵,南北七筵,五室。凡室二筵。"正中央一般是一间特大的屋室,叫"太室",它的顶部也就是"中溜""藻井"的方位。"太室之廷"即是太室的地方(图4.44)。将前面三室去掉即是张惠言《仪礼图》中所绘贵族宅制(图4.45),再将侧屋去掉一面便是《尔雅》所述的制度,即汉初所谓之"一堂二内"的制度,这一系列的变化正是按一系列标准等级制度进行整体规划的结果。上述所述的明堂平面,如果将太室的屋顶去掉即是后世的四合院。

唐代是封建社会的全盛时期,一切事物都有很严格的等级差别和礼仪制度,在建筑方面

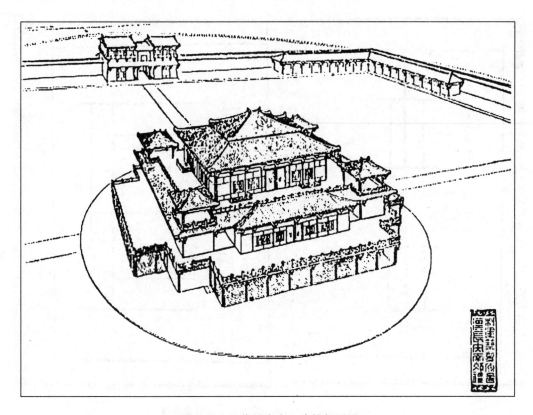

图4.44　汉代明堂中心建筑复原图

有《唐会要·舆服上》所载："又奏。准营缮令。王公已下。舍屋不得施重拱藻井。三品已上堂舍。不得过五间九架。厅厦两头门屋。不得过五间五架。五品已上堂舍。不得过五间七架。厅厦两头门屋。不得过三间两架。仍通作乌头大门。勋官各依本品。六品七品已下堂舍。不得过三间五架。门屋不得过一间两架。非常参官。不得造轴心舍。及施悬鱼、对凤、瓦兽、通栿、乳梁装饰。其祖父舍宅。门荫子孙。虽荫尽听依旧居住。其士庶公私第宅。皆不得造楼阁。临视人家。近者或有不守敕文、因循制造、自今以后、伏请禁断。又庶人所造堂舍。不得过三间四架。门屋一间两架。仍不得辄施装饰。"。由此可见，唐代对于各阶层人等第宅的限制是严密的，为之后诸朝代巩固封建统治，强调等级差别树立了典范。

宋代对于一般宅制则规定："私居，执政亲王曰府，余官曰宅，庶民曰家，诸道府公门得施戟，若私门则爵位穷显经赐恩者许用之，……六品以上宅舍许作乌头门，父祖舍宅有者，子孙许仍用之。凡民庶家，不得施重拱、藻井及五色文采为饰，仍不得四铺飞檐。庶人舍屋，许五架。门一间两厦而已。"（《宋史舆服志》）这段文字中可以看出，当时宅院的称呼也被等级化了。

古代徽州人在宗族观念的强化上主要是通过建祠堂、修族谱、定族规的手段来实现的。在徽州，人们世代围祠而居，祠堂是宗族观念的物化载体。一般来说，家族除了拥有一个共同的总祠外，还因子孙的繁衍相应地衍生出一些按血缘远近为次级单位的支祠。西递村的

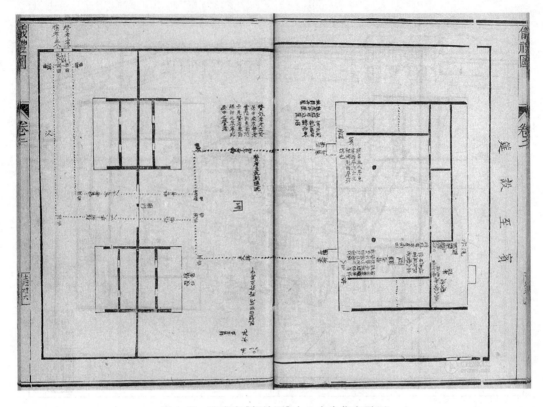

图 4.45　张惠言《仪礼图》中士大夫住宅平面

村落组织就是以祠堂为中心分布的,规划将全村按亲缘关系划分为九个支系,各踞一片领地,每个支系分别以支祠为中心;宗祠称为敬爱堂,规模宏大,位于全村中心地段,大凡全村的祭祀活动都在此进行;属支系的事务则在支祠进行。徽州居住建筑群以宗族祠堂为中心,民居环祠堂而建具有很强的象征意义和宗法意义,突出宗族观念的核心地位,从而加强宗法制度控制下的家族团结,对促进家族发展有强烈的心理效应。

　　总的来说,由父权家庭结构而形成的宗法礼仪制度,对家庭之宅院影响巨大,所产生的四合院宅制更可谓源远流长,自古至今,变化不多。固然四合院有其优越性的存在,但更多的则是受到宗法礼仪制度影响的结果。

3. 传统民居形态中的等级观念和等级制度

　　中国社会的宗法制度以等级关系为主要特征,而千百年来,建筑被视为标示等级名分、维护等级制度的重要手段。作为宗法制度的一部分,建筑等级制度是中国古代建筑的独特现象,其影响为:(1)导致了传统建筑类型的形制化,建筑的等级形制较之于功能特色更显突出。(2)促成了传统建筑的高度程式化。

　　传统民居形态受到等级观念和等级制度的影响,逐渐形成"主从"等级观。住宅有明确的轴线，左右对称、主次分明，有严谨的空间序列，对称的布局，沿轴线空间等级的递进，反映了宗族合居中尊卑、男女、长幼的等级差别，用空间的差异区分了人群的等级关系，传统的礼教思想在此也得到了充分的体现，在满足了尊卑差异的同时，也为使用者创造了一个舒适、安静的环境。住宅空间主要由纵向进深的"仪式轴"与横向面宽的"生活轴"交织而成。纵向的"仪式轴"指的是从外门、内门、中庭、正堂至后堂的空间；横向的"生活轴"则是指"仪式轴"左右供居住、工作及用餐的空间，与靠横向的小巷连通，两轴线体现出当时人们的居住生活与礼俗文化。住宅的空间组织趋于严密，空间分划趋于细密，充满了人伦规矩之制约。

而根据家庭观念形成的中国文化的价值观，是以德之高低为原则定尊卑秩序的，透过规定各种生活形式的礼制，具体表现于居家之礼。合院建筑的主次分明、空间秩序严谨，充分反映了中国家庭制度特有的空间意象，这其中以宗法等级制度为主，而又渗入了中国古代的阴阳思想及儒、释、道的文化内涵，它们之间交相呼应、水乳交融，共同构成了一个"合院"的文化，并成中国传统民居文化之主流、精髓，以中原一带为核心向周围的华夏大地上传播出去。合院中的至尊者是经堂所代表的天地交会为祖先神灵存身之所，亦为文化的核聚之处。

合院建筑群中，轴线与对称布局有着明显的关系。如主建筑两侧对应的厢房用来突出主轴线的关系，又如主建筑本身开间的对称与宽度变化（居中明间最宽，其次对称的次间、梢间、尽间略窄，最外套间最窄）等；客厅、祖堂位于主轴线上，次轴线或为亲属住屋，或为跨院的书斋花园，或为厨房等，用法不一，但无不都突出了宗法礼仪制度在空间位序上的关系。至于内外的层次，如门厅外为邻、内为家，客厅外为来客活动区、内为家人活动区，而家人使用的进数又按辈分、地位区分：佣人住前头，长辈女眷住后头。总之，正偏与内外都有"上下"的价值含义，"偏房""外人""上下"等名词都用建筑位置说明。在家庭制度上的反映，正是中国传统建筑的特殊之处。

作为中国传统文化象征的堂，则是中国传统民居中最珍贵的空间，是中国文化的结晶。传统住宅一般会体现出中国建筑独特的"门"与"堂"分立的制度。可以"堂"为中心，形成封闭的院落，而以"堂"为中心的院落式布局一经形成，就构成了我国传统民居布局的基本式样，经汉、唐、宋各个时期的改进，至明、清时代便形成了典型的四合院式布局。四合院中堂屋为明厅，三间开敞，可用活动隔扇封闭，便于冬季使用。一般堂屋设两廊，面对天井，正中入口设屏门，居住者日常从屏门两侧出入，遇有礼节性活动时，则由屏门出入。堂屋在住宅中主要用于礼节性活动，如迎接贵宾、办理婚丧大礼等，平时也作为起居活动场所，是整套住宅的主体部分。

大门是一宅的门第标志，礼的规制对大门的等级限定十分严格。低品官和庶人都只许用单开间的门面,而在单开间门面中又依据门、框、槛位置的不同分成几种定式。除了门的大小尺寸外,实榻门的门钉路数也是区分建筑等级的标志。最高等级的实榻门是九路门钉,为皇宫专用,地方建筑不见,向下依次是七路门钉、五路门钉为多见。格栅式的门则以制作精细程度和复杂程度来区分等级。北京太和殿的格栅门装饰三交六椀菱花,而其他殿宇则采用双交四椀菱花。随着建筑等级的降低,向下依次是斜方格、正方格、长条形等。中国住宅主要是依据门和堂的分立来构思的:堂是房屋的主体,门是一个标志,是轴线上建筑序列的起首,门和堂之间必要存在一个过渡,它体现出了中国社会极为重视的"礼制"思想,即内外,上下,宾主必须次序分明,先后有别。周代以后,门堂之制作为礼的一项重要内容被纳入到儒家学说之中。中国家庭的延续分合,有以"香火代言"的,香即指堂上祖先牌位的祭祀,火即指厨房的薪火。香火的分合,即指宗教与经济的分合。它是一个家庭面对天地、祖宗、文化的地方,堂前有庭有天地,堂中有祖牌有祖先,正是父权家族制而形成的宗法制度文化之精神。

第四节　传统民居形态的心理文化要素

一、心理文化要素提要

中国的传统思想文化(心理文化)始于原始的巫术和神话及西周晚期的阴阳五行学说。先秦时期,土地私有制的日益发展导致了奴隶主贵族的没落和地主阶级的兴起,整个社会的经济、政治、军事、风俗都发生了明显的变化。而孔子开创的儒家学派与老庄的道家学派相辅并行,成为中国封建文化的中流砥柱。东西两汉时期两通西域,引来了佛教的东传,同时民间道教也逐渐酝酿成熟。南北朝时,漠北游牧民族逐鹿中原,而汉人大举南迁,各民族文化第一次大融合。唐时道教成为国教的同时,佛教也为盛期,儒学也开始有宗教化的倾向,再加上伊斯兰教开始传入,可称封建社会宗教思想的黄金时代。北宋至明初,理学集三教之精华渗透人心。而蒙人建元朝,则再一次推动了民族文化的融合与发展。总之,中国的思想文化体系之所以源远流长,自成一体,是民族生存条件(即农业经济和宗法政治相结合的总体结构)内化的产物,其对传统民居深刻的影响也是有源可究的。无论从选址,还是从内外形制来说,都有可循之理。

考虑到和传统民居的关系,现以各要素的起源及成熟程度为序,由浅而深的分析一二。

二、信仰与传统民居

中国古代思想体系始于上古的原始崇拜。上古人类仰观天象、俯察大地,见星辰推移、昼夜更替、四季循环、万物生灭;面对自身又惑于生命的起源与结束。在恐怖、畏惧、迷惑的心理下,宗教情绪因而产生。

最早的原始崇拜是对自然的崇拜。古人有"礼于六宗"的说法,所谓六宗,就是"天宗三,日月星""地宗三,河海岱"。可见天地尊崇的思想来源已久。

图腾崇拜是动物崇拜同人们对氏族祖先的追寻相结合的产物。《说文解字》云:"南方蛮、闽从虫,北方狄从犬,东方貉从豸,西方羌从羊。"值得一提的是,夏后氏先人以龙为图腾,龙兼具蛇、兽、鱼等多种动物的形象特征,反映了中国文化的融合性特点,凤也是如此。图腾崇拜或动物崇拜对传统民居建筑的影响是比较直观的,如瓦当上的图案,墙上的腰花、脊饰及细部的彩绘等。

对生殖的崇拜从母系氏族公社时期就已产生了。首先是对女性的崇拜,女性所特有的特点,如庇护、容受、包含和养育,传给了城市,形成了各种建筑空间形式。而汉语中有关女性特征的名词,如乳房、子宫、阴户,同建筑空间形式的构词要素房、宫、户之间有趣的关系,更是对女性与建筑相关性的说明。

进入父系氏族公社时期以后,人们对氏族始祖之神的崇拜转到男性英雄身上,这一转变是由图腾崇拜向祖先崇拜的过渡。在龙山文化遗址中出现了陶祖和石祖,而祖正是男性生殖器的造像,象征生殖繁衍之神。"祖"字从"示"从"且","示"表祭祀,"且"的甲骨文和金文字形都像男阴。祖先崇拜的观念,在周代发展成了宗法家族制度。后经过儒家伦理化后,又具有了维护纲常道德的特殊意义。中国八德之孝的观念,也是源于此。祖先崇拜可以说是中国古代信仰的核心。

古人创造了许多丰富多彩的神话传说,而其中的某些神仙与古人祈求平安吉祥的愿望而相合,从而也出现在传统民居之中。如门上有"门神"、门后有门官、天井有天官赐福、井边有井泉龙神、厨房有定福灶君,等等。其中门神先以桃木刻像再悬于门户,后改为绘画,春节时各家均贴门神,再后渐改为贴春联。许多神仙还被收入道教之中,正如鸡和蛋,已不知谁先谁后了。

巫术、占卜和禁忌是没有崇拜对象的信仰。如古之堪舆是根据宅基或坟地四周风向水流等形势,来推断住家或葬地的祸福吉凶,俗称看风水。汉代青乌子精此术,著有《青乌子相冢书》,所以此术又称青乌术。此为后世之风水民俗的由来,对传统民居宅基地选址、庭院的组合及开门的修造都产生了很大影响,其中尤以徽州传统民居而闻名。如黟县宏村,无论选址、方位及经营均有风水之意向。整个村落以正街为中心轴线,背枕雷岗山,北围月塘,南附南潮,地下水系纵横,四面环山,可谓集江南胜景于一处(图4.46~4.51)。

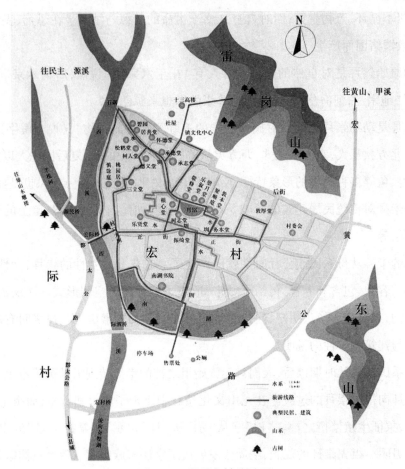

图4.46 徽州宏村总平面

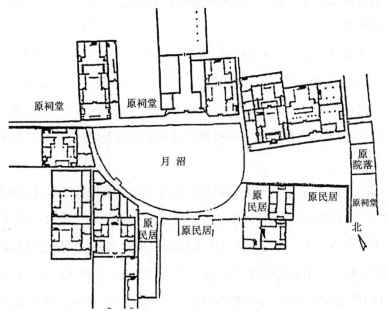

图4.47 月塘民居平面

图 4.48　南湖外景

图 4.49　南湖湖堤

图 4.50　月塘东景

图 4.51　月塘西景

另外由于相信巫术、占卜等也产生了许多禁忌,尤以建筑禁忌最为烦琐。从布局到门墙都有很多限制,此处不再细说。

三、阴阳、五行学说与传统民居

《山海经》中有:"伏羲得河图,夏人因之,曰《连山》,黄帝得河图,商人因之,曰《归藏》,列山氏得河图,周人因之,曰《周易》"。据此可以认为原始的阴阳学说,最早起源于夏朝(图4.52)。

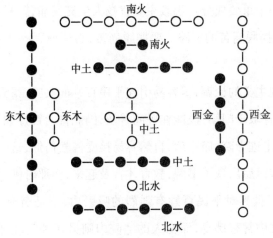

图4.52　河图

《周易乾凿度》指出:"乾坤者,阴阳之根本,万物之祖宗也"。似乎是用阴和阳及它们之间的组合来概括自然界和人类社会的繁杂现象,可以说是哲学思维的萌芽。中国古代思想的二元性可以从阴阳上了解,而阴阳贵以中和,便是儒家的中庸之道。

阴阳思想包容性极强,所谓"万物之祖宗也",如传统民居中的堂与庭院,有宗法关系的住宅房屋与园林的自由无束,造型上的直中有曲、曲中有实等,都可以用阴阳思想来解释。

五行说最早见于《尚书·洪范》,其上记载:"五行:一曰水,二曰火,三曰木,四曰金,五曰土。水曰润下,火曰炎上,木曰曲直,金曰从革,土爱稼穑"。此是人们认识自然现象的纽结,是理论思维的开始。所谓东方为木,青色;西方为金,白色;北方为水,黑色;南方为火,红色;中央为土,黄色。土为至尊,统领四方,火可生土,为土之源,所以古代帝王多用红黄二色,而民间的传统民居建筑多只能为黛瓦白墙,黛,即青黑色(图4.53)。

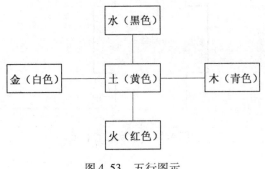

图4.53　五行图示

四、佛、道、伊三教与传统民居

1.佛教与传统民居

佛教自汉代传入我国,其时中国文化形成不久,经过长时期的排斥与吸收的过程,最终成为中国传统文化的一个重要成分。佛教主要宣扬人生充满痛苦,只有信仰佛教,视世界万有和自我为"空",才能摆脱痛苦的道路。要摆脱痛苦,必须熄灭一切欲望,以达到"涅槃"的境界。

佛教所宣扬的悲观主义的论调,很容易引起平民百姓的共鸣,得到他们的拥护。特别是魏、晋、南北朝时期,教育限于门第,没能在民间普及,因此普通百姓如要读书,往往要去到寺院或庙宇里,而当他们走进寺院、庙宇后,自然容易接受佛教信仰,这也是佛教在民间广为传播的一个原因。直至宋以后出现了书院,教育才普及起来,而那时佛教早已深入民心。

佛教宣扬的"彼岸"世界对平民百姓有强烈的吸引力,于是渐渐影响到传统民居之中。如普通汉族人的堂屋之中常有佛龛,而富人的宅院内则另建佛堂,以供烧香拜佛,乞求神灵保佑。在北方的满族传统民居中,特有万字炕以供佛龛的情况(图4.54)。

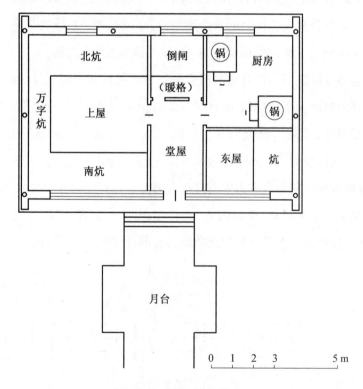

图4.54 满族某宅平面

佛教自西传来,南传北播,影响极广。西藏传统民居中特设有经堂,是住宅的活动中心,有着与汉族堂屋等同的地位,可见藏族人对佛教的崇拜重视。再如土族民居,位于河西走廊一侧,房屋多以三间为一组:中为堂屋,一侧为佛堂,一侧为卧室。卧室的炕连着锅灶,烧饭的火可以暖炕。再如云南的傣族传统民居,受南传佛教的影响,一般竹楼内都有佛龛,有的则是于竹楼一侧另建佛堂,以敬菩萨(图4.55)。

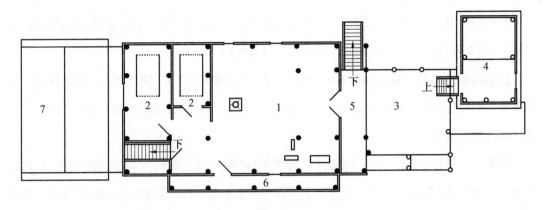

图4.55　云南傣族某宅楼层平面

1—堂屋;2—卧室;3—晒台;4—佛堂;5—前廊;6—挑阳台;7—厨房屋顶

值得一提的是佛教与中国传统文化的结合,即是对儒家的伦理道德的宣传。中国封建社会实行中央集权的君主专制制度以及与农业经济基础相适应的宗法制度。因此,忠君孝亲成为伦理道德的基本规范,尤其是孝,更被视为伦理道德的根本。而僧人出家后,心目中无君、无父,不拜皇帝,不孝于父母,被视为悖道人伦的行为。到了中唐,统治者奉行三教并举的政策,佛教为了战胜儒道两家,开始大力宣传孝道,并编写了诸如《父母恩重经》之类的讲孝佛经,终于也没能逃脱中国传统文化的道德观念。

由于佛教视万物为空无,人生无常,所以人只能随遇而安、顺其自然,只要保持内心安静,以恬淡自然为人生情趣,忘却尘世,便会认识佛性,求得解脱。显然,佛家随缘而安,与世无争的思想既与儒家乐天知命、安贫乐道是顺应时势的思想相联系,又与道家无为不争、安时处顺的态度相沟通,特别与庄子避世、游世思想相一致,这也是儒、佛、道三家最后能融为一体,成为中国传统文化的一个重要组成部分的重要原因之一。

2. 道教与传统民居

道教起源于道家思想的一支,黄老学派。在东汉中叶,黄老道家以老、庄虚静恬淡思想为基调,以道为核心,吸收法家思想,包容儒、墨、名、阳阴诸家,调和各家之长。所谓"兼儒墨,合名法",已有了一种积极入世的态度,风行一时。在东汉时,朝着神仙方术和宗教迷信的方向发展,后来即成为与佛教相抗衡的中国本土宗教,道教。可见,道教一开始就有维护宗法制的思想。

道教在民间流传极广,民间许多民俗多受道教影响。民间许多神仙诸如菩萨、玉皇、玄女、财神、灶神、海神、土地、城隍、钟馗等,多来自道教。不知不觉转化成民间习俗,代代相传,蔚成风气。

3.伊斯兰教与传统民居

中国的回族、维吾尔族、哈萨克族、塔吉克族、乌孜别克族、塔塔尔族、东乡族、撒拉族、保安族、柯尔克孜族等十余个民族信仰伊斯兰教,影响很广。

影响的范围包括宁夏,甘肃,云南,西北五省,四川阆中、广元,陕西西乡、汉中等地。一般来说,回族是由穆斯林侨民转变而来,所以回族所受影响极大,他们的居住区叫"教坊",围绕清真寺集中群居。

伊斯兰学者穆罕默德·赖世德为《回救哲学》所序:"真主要使人类过无限的生活,故以互助群居为人类生活的枢纽"。但又因为伊斯兰习俗所限,妇女不能"抛头露面",所以邻里虽并列而居,各户之间却并无往来,往往进门有狭长甬道,入口都有砖雕照壁阻隔(图4.56)。

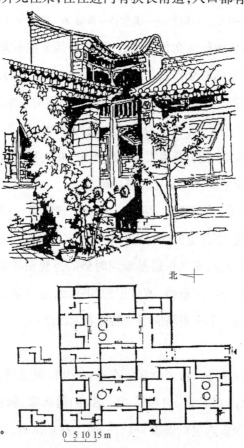

北

0 5 10 15 m

图4.56 临夏回族王寺街89号白宅

　　伊斯兰教认为世上所有的财富都是安拉的,"安拉把财富给我们,是为了满足我们的需要和鼓励我们在社会上做好事"。因此回族居民区多有"前店后宅""前坊后宅"的形制,而维吾尔族热情好客的民风也源于伊斯兰教教义互助互爱的要求,并结合该民族的其他习俗而成。维吾尔族对客人极有礼貌,一般居室中均专设有客房供客人居住(图4.57)。维吾尔族人有经商的风俗,如一星期一次的集市贸易"巴扎"往往规模很大,有的地方的市场竟长达5 000米。如北疆的乌鲁木齐就是因此而发展起来的,作为商业中心,那里的字号店铺鳞次栉比、繁华富庶,甲于关外。

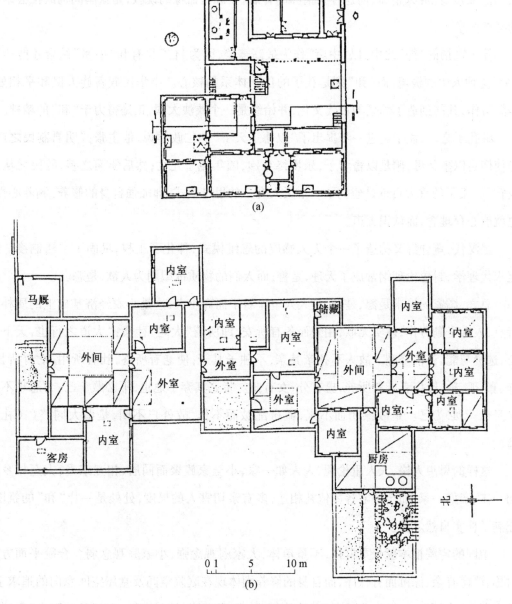

图4.57　新疆维吾尔自治区维吾尔住宅平面

五、儒、道两家思想与传统民居

1.儒家思想的影响

中国传统文化的思想体系由两家两教组成,即儒家和道家;道教和佛教。其中以儒家思想影响最为深远。

儒家思想以春秋孔子而始创。孔子认为"唯天子受命于天,士受命于君",宣扬王权至上,神圣不可侵犯,是古代宗法制度的理论基础。同时,他又主张宗德尚贤,以"仁"而使柔化的"礼"制度,充满人情味,而这种人情味的背后,实际是血缘的说教,是家国同构的社会结构的必然要求。

孔子宣扬的"德"之中,以"中庸"作为最高美德,因为"仁"只有和"中庸"结合才能达到"和"这种人生的极境,而"和"则是孔子的仁学体系的核心。中华民族各族人民和平相处、辛勤劳作,共同创造了灿烂的古代文化,并始终是一个泱泱大国,正是得力于"和"的精神。

继孔子之后,孟子更进一步提出了"以德王天下"的仁政学说,他主张:"明君制民之产,必使仰足以事父母,俯足以畜妻子,乐岁终身饱,凶年免于死亡;然后驱而之善,故民之从之也轻"。孟子的重大贡献是建构了一个天人合一的思维模式,即加强自身的修养,涵养心性,也就能心存理念,而认识天道。

至汉代,董仲舒又构造了一个天人感应的思维模式,神化了王权,巩固了宗法制度。而至宋代理学,封建伦理纲常成了天理,是善;而人们的物质欲望则为人欲,是恶。

总之,儒家的追求是德、是仁,是人人争作君子而弃小人,这是小农经济基础上的质朴的特点,人人辛勤劳作,诚实无欺,相爱而各有所安,即所谓"大同"社会:"大道之行也,天下为公,选贤与能,讲信修睦。故人不独亲其亲,不独子其子,使老有所终,壮有所用,幼有所长,矜、寡、孤、独、废疾者皆有所养,男有分,女有归。货恶其弃于地也,不必藏于己;力恶乎不出于身也,不必为己。是故谋闭而不兴,盗窃乱贼而不作,故外户不闭,是谓大同。"(《礼运篇》)

这样的思想人格,人人重伦理、人人如一家,小至家族聚而同居、相互亲爱;大至村乡同构一体、亲如一家;而至各宅各屋依礼相连,多有亲切宜人的尺度,处处是一片"和"的氛围,充满了朴实自然之美。

中国的宅院根本就只重群体,不重单体,大家庭观念强,小家庭观念弱。合院平面方正对称、严谨有余、深沉而有秩序,而自身的修养则体现在庭院空间及堂屋空间意向的追求上:院中即为"大同",上有天、下有地、堂中有祖先,伦理亲情,相互交融;空间通透融合,界线模糊,虽有极端而无极端,大秩序下是浓厚的人情亲情,正是"中庸之道";外围封闭高墙,内为通透空间,含蓄而丰富,是中国文化内向性格的体现。如东阳儒家传统民居,粉墙黛瓦、清雅而质朴,是儒家"布衣白屋"的例证,而各处木结构上精雕细刻却又不施彩画,保持木之本色,不温不火,既不偏民间建筑的简陋,又不倚皇家建筑的富丽,正是"中庸之道"的体现(图4.58)。

图4.58　浙江东阳吴宅天棚上的木雕饰

孟子轻视商人,称之为"贱丈夫"(《孟子·公孙丑下》),对中国传统的重农轻商思想有很大影响。而孟子之谓美,是美和善的一致性,而善即是德,故而中国建筑先重群体秩序之"理"、之"德",然后而成自然之美,传统民居当然也不例外。

儒家天人合一的思想,体现在反思己身,而与天合,所以儒家的宅院大多不是和周围自然环境合,而是自建庭园,收自然为己用,以利自身的修养。所谓"尽其心者,知其性也。知其性,则知天矣。存其心,养其性,所以事天也"。(《孟子·尽心上》)这里的"天",不是自然之天,而是精神情感的天,而后由于董仲舒天人感应之说神化了天,强调了礼仪秩序,才有所不同。

2. 道家思想的影响

道家以老子为代表。老子认为:"道生一,一生二,二生三,三生万物"(《老子》四十二章），这里的"一"指阴阳未分之前，宇宙混沌一体；"二"指宇宙剖分为阴阳；"三"指阴、阳、和。由此可见，老子认为道最重要，而道是什么呢？老子认为，"天下万物生于有，有生于无"，所以道就是无。"凿户牖以为室，当其无，有室之用。故有之以为利，无之以为用"，即是说虚空比实体更重要，这是很重要的有关空间的论述。

老子主张清静无为，向往原始、质朴的农村公社式生活。围绕"无为而无不为"这一核心思想，老子还提出了一个影响深远的处世原则："不敢为天下先"（《老子》六十七章），中华民族千百年所形成的含蓄、内向、保守的性格和这一原则应该说是有一定关系的。

老子认为："道大，天大，地大，人亦大。域中有四大，而人居其一焉。人法地，地法天，天法道，道法自然"，这里的自然，指自然而然，道法自然，即是指以自然而然为法则。

老庄道家思想值得一提的还有他的美学思想，他追求"万物与我为一"的境界，主张人即是天、天即是人，这种境界正是一种超出现实世界的一种广阔的美；他认为美在于天然，"天地有大美而不言"。可以说儒家美学之所短，正是庄子美学之所长。

3. 儒、道互补与传统民居的关系试析

孔子提倡的中庸之道，指的是积极进取的"和"；老子的"不为天下先"，指的是无为而为，是消极退守的"和"，两者虽有不同内含却共同形成了保守的思想，保守之余，便是尊崇古人之道。中国传统民居千百年来一气呵成，形制上没有发展，规矩却越来越多，这是内因而成外果。

儒家心目之中重群体关系，正所谓"己所不欲，勿施于人""君使臣以礼，臣事君以忠"，等，都是强调整体利益的维护，而不惜抑制个人欲望。而道家则相反，着重个人生命和人性自然的维护，不仅没有国家观念，也没有宗法家族观念，反而以国家、家族为累，要摆脱其对人性自然的束缚。

就传统民居发展而言，因中国自古以来就是个宗法制的国家，儒家一直占上风，因而传统民居的整体格局是严整的合院制，不同的身份，其宅制的开间、架数等均有不同，不得为乱。院中上为天为尊，人立其间便有"天人合一"而"天人感应"的体验；个人的修身养性，如小宅院内或栽几根竹子；或凿一小池，池泛荷花；或养几条金鱼，而大宅豪门则另辟花园，其中假山流水，极尽自然之妙，毫无束缚可言，这就是道家的"道法自然"了。

儒家讲修身、重道德，因修身才能齐家、治国、平天下，而道家也讲修身积德，"修之于身，其德乃真；修之于家，其德有余"（《老子》五十四章），虽目的不同，然殊途同归。凡平民家庭的厅堂墙壁之上总有几幅字面，或一只茶杯与茶壶这样的小物件上面往往也有字面诗篇，人人均可赏心修心，淡泊幽雅而怡然自得。从图4.59、图4.60中不仅可以看出这一特点，而且

还可以看出宗法制对传统民居的影响。

隋唐以后,儒道之间虽然互争高下,但实际上已开始相互融合,如五代道士谭峭已把道德与儒之仁、义、礼、智、信联系起来,他说:"旷然无为之谓道,道能自守之谓德,德生万物之谓仁,仁救安危之谓义,义有去就之谓礼,礼有变通之谓智,智有诚实之谓信,通而用之之谓圣。"(《化书》卷四)

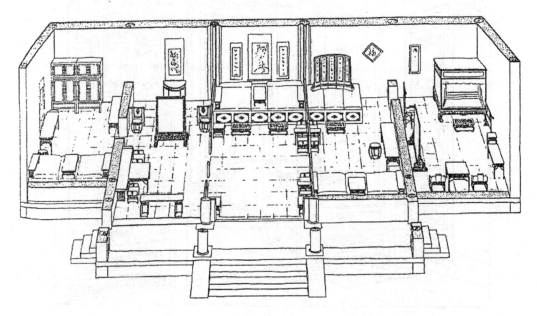

(a) 鸟瞰

(b) 明间内部透视

(c) 自西次间看明间

图 4.59　清代住宅(起居、卧室)室内家具布置剖视

通观儒道两家,都注重道德。道家道高,儒家德深,虽含义不同,但实际都一样。世人进以德修身,忠君报国,退亦以德修身,淡泊无为,因而构成处世两大原则,互补互融。而后来的玄学、理学渐渐将两者结合,也是必然的趋势。因进退自如,所以古人自适能力很强,性格独具。对传统民居的影响表现为:合院形制千百年不变,虽单一而丰富。单一指形制少变,丰富则是指虽有高墙深院围护,但这里有天、有地、有祖宗;有山、有水、有树木,大自然之精华,天地之灵气,尽收其中。合院已自成一体,大家乐在其中,再加上"中庸"之道和"不为天下先"之训,又有谁思变化呢? 然而有阴阳互变,五行生克旺衰,不变之中早已有变化了。世易时移,建筑之中的手法,如做工的技术,彩画、木刻、砖雕的水平,在不断向前发展,这些对古人来说,早已足够了。中国传统文化一向重的是内涵、实质,反对肤浅的、徒有其表的东西,也是一个道理。

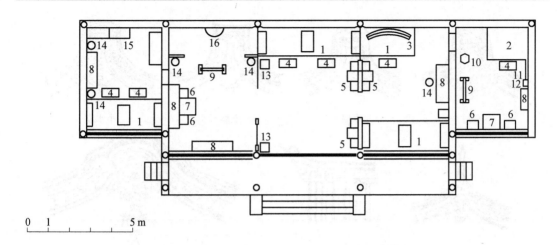

图4.60 清代住宅(起居、卧室)室内家具平面

1—炕;2—床;3—炕屏;4—脚踏;5——几二椅;6—椅;7—方桌;8—长桌;9—穿衣镜;10—脸盆架;
11—衣架;12—几;13—方凳;14—圆凳;15—立柜;16—半圆桌

六、民俗文化与传统民居

民俗文化是各地区、各民族长期生活中积累而成的约定俗成的习惯风俗。中国民俗文化是在自然和社会的影响下,在传统文化的熏陶中逐渐积淀、形成、传承下来的,并形成了独特的温顺、平和,以及追求平安、祥瑞的民俗审美心理。传统民居是建筑艺术和艺术文化的结晶,其形式是与当时的生活方式、民间习俗紧密联系的。虽然各种民俗形式多样、繁复杂乱,但还是有一定规律可循的,可归纳为如下5条。

(1)由原始崇拜及宗教信仰演化而成的各种传说神话,或者可说是宗教的民俗化、大众化。没有很深的理论基础,随各地区、各民族的经济类型、审美情趣、生活习惯的不同而不同。如各地区的脊吻、脊饰、腰花及窗格图案,保佑神灵的图饰雕刻等(图4.61、图4.62)。

(2)由阴阳五行思想演化而成,却又与各地区、民族的不同地形风貌及一定的气候等自然条件,以及一定的宗教信仰结合而成的不同地区的风水民俗。如土家族有看龙脉的习俗,即看山脉的走向;而纳西族的风水民俗则主要和东巴教有关。

(3)由不同民族的文化相互交融而成,往往似像非像,规矩中有变化。如满族的西关八大家关宅,虽为合院制却做成为圭角型平面,以十九间房屋围绕而成,院内四周以回廊连接(图4.63)。再如云南白族传统民居形式受汉族影响很大,但又有一定的灵活性。有时也有受经济条件的制约,本是合院的形制却先建两坊居住,余者以墙围合的形制。

(4)由不同民族文化而形成的民俗风情。如满族建房,不论外面宽为几间,均以西端尽间为主,将西屋叫上屋,西炕为至贵,供有祖先灵牌;再如朝鲜族传统民居,以房屋内部为活

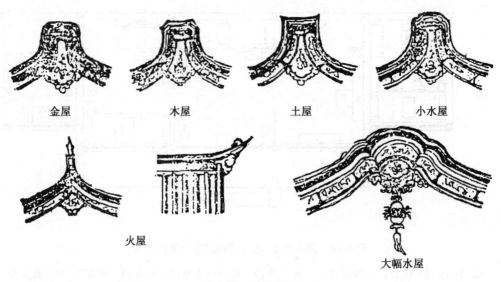

金屋　　　　　　木屋　　　　　　土屋　　　　　　小水屋

火屋

大幅水屋

图 4.61　民居雕饰

图 4.62　瓦当和滴水式样

动中心,室内外没有高差,因而大多没有围院之类以供交往的室外空间,室内也没有正房、厢房之别,除了牛棚、草房、厨房,其他均为卧室(图 4.64)。

(5)由不同地区的自然条件结合文化传统而成。如三合院形制到了浙江,后变化为前后都有小天井的形制,这是浙江人长期生活经验积累而成的结果(图 4.65)。

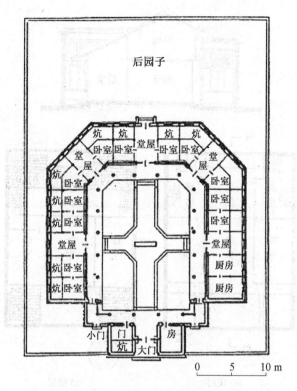

图4.63　吉林市西关八大家关宅平面

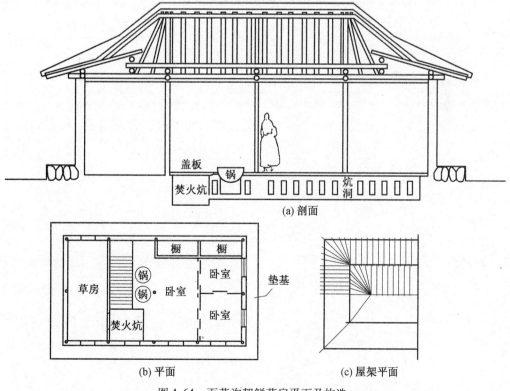

(a) 剖面

(b) 平面　　　　　　　(c) 屋架平面

图4.64　百草沟朝鲜草房平面及构造

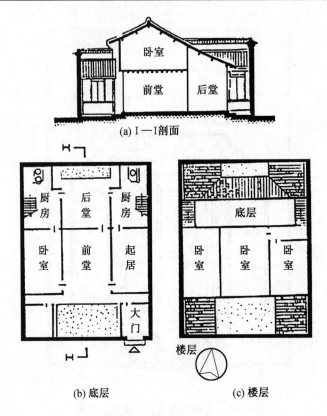

(a) I—I剖面

(b) 底层　　　　　(c) 楼层

图 4.65　杭州金钗袋巷盛宅

第五章 传统民居形态的人文区划

第一节 传统民居人文区划的提出

一、传统居民人文区划方法与概况

从地理学的角度来说,一般主要是自然地理学和人文地理学两大类最为重要,而区域的研究是自然地理学和人文地理学共同的课题。

我国的传统民居形态极其丰富,从南到北、由西至东都各有特点,有的甚至差别很大。这种差异产生的原因,不仅有自然环境的影响,而且还有社会文化环境的影响,所以通过区划可以找到自然环境和社会文化环境对传统民居的建筑文化影响的一些规律。

我国对传统民居的研究,长期以来采用较多的区划方法是借用行政省份的区划方式,已经著书出版的研究成果有《吉林民居》《浙江民居》《云南民居》《广东民居》等。虽然采用这种方法可以得出一些结论,但这样的区划方法应该说不是很科学的,很容易发现的问题就是相邻省份边缘常出现一些风格相同或类似的传统民居建筑。我国广大的传统民居爱好者和研究者大多也发现了这个问题并开始进行有针对性的研究。针对某个民族来研究,如侗族、壮族民居等;或针对某一地区来研究,如皖南的徽州民居、黄土高原地区的窑洞民居等。但这些研究似乎还有所罅隙,没有一定的规律性。

国外在建筑的区划研究方面,多注重自然环境因素的作用,如英国的 R·W·Brunskill 所著的《乡土建筑图示手册》一书,根据乡土建筑的各种结构及材料来做出区划图以表现英国乡土建筑的分布状态。又如 D·Yeang 在《炎热地带城市区域主义》一书中,曾提出了全球建筑气候分区的设想。这些区划方法都是值得借鉴的。图5.1是美国长期从事房屋类型研究的 F·Kniffen 教授所做的,关于美国东部房屋类型的传播及形成的区域图,他认为研究房屋的形态和形状,还应考虑人口的移动和迁移,这也是值得借鉴的一种区划方法。图5.2则是欧洲建筑风格的传播图,但还只是定性研究。

二、传统民居人文区划的依据

传统民居的人文区划是对一定范围内的民居建筑文化形态的相关关系与差异及其各种

图 5.1　美国东部三种房屋类型的源地及扩散路径

社会人文因素进行综合分析而划分的人文区域分类系统,它是对传统民居的发展中文脉的探索认识过程,是传统民居建筑环境与自然环境因素及社会文化环境因素综合发展的结果。科学地划分传统民居的人文区划,不仅可以理清我国传统民居文化形态的整体关系,还可以成为今后建筑创作的重要依据之一。

在提出传统民居的人文区划之前,首先应清楚自然环境和社会文化环境的关系。自然环境是本,只有在一定的自然环境条件下,才会有人类最初文明的起源和发展,而且一个大的自然环境应该说从一开始就决定了某种文明的发展规律,该文明自身的发展变化及与其他文明的交流关系都受到了该自然环境的制约。当然,这里并不否认社会文化环境对自然环境的反作用。

其次,在社会文化环境中,应确立不同的自然环境也会产生类似的文化环境的思路。如沙漠环绕的内蒙古与山脉纵横的西藏,这两个地区的少数民族都有着游牧经济与文化,两地的传统民居形式虽有所区别,但是在对传统民居建筑的传承上都有着类似的深远影响。而有些看似相差无几的自然环境中,却会由于人文因素的不同而产生出不同的民居风格,如江南一带,闽南高大雄伟的客家土楼就具有与相邻地区传统民居迥然不同的风格。

此外,云南广西一带,由于受到地理人文因素的双重影响,孕育出多民族杂而聚居的特有风格。各民族之间因文化不同而民居也有所区别,因比邻而居又互有影响,再加上历史原因,不同时期汉文化的影响,使得这一带社会文化错综复杂,传统民居的形式也多种多样,而

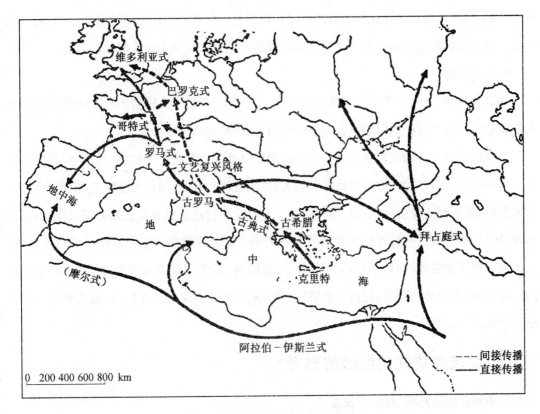

图 5.2 欧洲建筑风格的传播图

同一民族的传统民居又有受影响和不受影响的分别,更增加了这一带居住建筑样式的复杂性。但反向思之,这岂不正是它的文化特点之所在。

本章主要从文化的结构要素出发,在掌握三大结构要素与传统民居之间关系的规律的基础上,借助人文学及自然地理学的一些成果,来对传统民居的人文区划做出初步的探索。目前,我国传统民居的实地考察资料已相当丰富,如何运用文化的结构要素与之结合起来达到人文区划的要求,是一个探求整个传统民居文脉系统的问题,是一个十分重要的课题,也是一个有相当难度的课题。本书只是一个初步的探索。

第二节 关于区域的解析

一、区域

1. 区域的概念

区域指的是地区的范围,区域必须具有均质性,这种均质性,可以指一个区域所具有的环境特色,也可以指一个区域所具有的类同文化特色。根据均质性划分的区域,一般称形态区域。按形态区域进行区划的人文区划是指根据不同的文化形态而作的地区划分。

2. 文化区域

在文化地理学中,一个形态文化区可以以一种盛行文化的特征或几种文化的综合特征来加以规定。这样,这一区域就可与其他不同特征的形态区域区分开来。

文化区是由发达的文化核心或文化发源地发展而来。文化区的扩展一般要经历四个阶段。第一阶段:人口增加,原始聚落膨胀增大;第二阶段:当内部通信加强或与外部联系变得更有效时,流通模式发生变化;第三阶段:原先不健全的行政组织变得复杂而多层次化;第四阶段:区域文化形成,并且开始融合在发展着的整个国家文化中。这些过程是平行发展的,因为流通模式加强的同时,人口继续流入,与此同时,行政组织交得更复杂,文化特征更鲜明。但有时,由于难以联系,包括宗教信仰、语言隔阂或距离遥远等原因,区域文化也可能不融合于国家文化之中。

二、民居建筑文化区域的思考

1. 中华民族的起源、形成和发展

大约在新石器时代,各地区均有许多氏族,随着各自文明的进步,一些氏族的活动范围逐渐增大,各氏族之间互相战斗、互相兼并,进而逐步融合,产生一个较强大的氏族,统领周围的小氏族,最终建立起一个统一的国家,中华民族也由此而来。

从炎、黄、蚩尤时代说起,有学者认为可分两个集团。其一,炎黄集团。以炎帝、黄帝为代表,出于陕甘黄土高原,后来顺着黄河东进,分布于华北一带,后成为华夏族的本源,即所谓"炎黄子孙"的说法由来。其二,风偃集团,太皞(风姓),少皞(嬴姓,"嬴"同"偃")之后裔,散布于淮、泗、河、洛之东方平原,蚩尤出焉。为南方氏族,主要分布在洞庭湖和鄱阳湖之间。(徐炳昶《中国古史的传说时代》)中国远古氏族的融合,以东西两集团的接触为先,然后才有南北方的接触,这是南北文化差异较大的原因之一。

中国地区因地势优越,成为最早的中华民族先民的汇聚中心,那里不仅汇集了中原的东、西、南三方的农耕文化,而且还有北方的游牧狩猎文化。

春秋时期,在中原华夏族周围,尚有诸多少数民族群。在边陲之地,还有东北的肃慎、岁貊、东胡,北方的严允,西边的羌,南方的蜀、巴,东南的越等族群。由此可见,春秋前后已开始分化出较多的民族。

民族的分化是一个长期的过程,也是一个必然的趋势。一般来说,各民族演变的原因主

要有三:其一,屯田移民。这是古代政权统治边族的手段之一;其二,武力相攻。中原政府势力强时向边疆扩张,以求统一,而边族势力强时又会侵犯中原,一时战乱,平民就有趋安避乱的趋势;其三,人口迁移。当边族内部分裂时,中原政府会招其弱者内徙,且不管是内徙还是外迁,都是民族融合的基础。

简而言之,中华民族的融合,是一个艰辛痛苦的过程。自春秋时代至战国的混战,数年后才有后来的秦汉的统一;自秦汉起经过不断的奋战,再经魏、晋、南北朝的胡汉竞逐,然后才有匈奴、鲜卑、羌、氐、羯五个少数民族的结合;自隋唐的南北征战,及五代、宋、元的长期拼战,才换来突厥、铁勒、高丽、吐蕃、党项、回纥、吐谷浑、契丹、女真及若干蒙古人的认同;又经明清的对抗及努力,方才结合了汉族、满族、蒙古族、回族、藏族、苗族的中华民族共和。

在统一的民族文化上,实际上中国儒学的主体文化,如敬天法祖、三纲五常、尊师祀孔等伦理习俗,各地虽有差别损益,但也是普遍流行的。所以自古以来中华民族就是重人文道德的礼仪之邦,这也得到了世界的公认。

2.文化的地理环境与传统民居

文化的起源和地理环境是分不开的,只有在一定的环境条件下,才可能产生一定的文明,而不同的地理环境条件下,也会有相应的人类文明的产生。

考古学家根据仰韶文化遗址归纳出三种不同的地理环境类型:一是河流两岸的土丘,渭水以南的支流较多之处;二是发育较好的马兰阶地,多在渭北黄土高原,高出河床三五十米;三是距河床较远的泉水附近,泾水沿岸较为典型,基本类型不外小河、土丘和平坦土地三类。而江汉淮水流域,作为我国文明的发源地之一,地理景观虽与黄河流域不同,但那里的史前遗址也多在近水的台地和丘冈上。而住居文化则因两地气候、产地建筑材料的区别而有所不同。华北地区居室的发展从穴居到半穴居,再到地面建筑。华中、华南地区则由巢居到干栏建筑,再到地面建筑。

世界主要的古代文明发源地都在温带草原地区,造成这一现象的主要原因之一是气候因素。因为寒带地区太冷,冬季又长,而热带地区高温多雨,密林广布,疾病流行,这两个区域均不适于培育生命和文化,只有温带地区气候适中,四季又多变化,对生命的活动有促动作用。而我国黄河、渭河流域及江汉淮水流域正是属于这种自然环境。

文明的发展要依托生命,而生命的延续又必须要有足够的食物。在很久以前的新石器时代,南方食稻,北方食麦的格局就已形成。一个地区的农业生产稳定以后,人们才可能定居在此,文明才能得以发展。纵观人类历史,只有建立在谷物粮作基础上的农业才会产生高等文化,因为谷物的播种、耕耘、收获是要遵循一定的规律的,耕作者必须仰观日月星辰、洞察四季之变化,了解自然天象的规律,这样才会产生原始的崇拜及由此而发展的各种宗教、哲学等思想体系。

先秦的种种思想文化在这里不再重述。总之,至秦汉时,中原地区逐渐统一了周边地区,重新确定了疆土的范围,也确定了以农业文明为基础制定的封建土地制度及对后世影响深远的宗法制度。此时,驰骋在北方蒙古高原上的游牧民族住的是羊皮蒙古包,而中原一带则以土、木为材建房,住宅已有一定的形制,如汉代士大夫的公宅制。

北方的蒙古高原,东西以阿尔泰山脉与大兴安岭为界,北面为漠北草原,南面为漠南草原,中间是戈壁沙漠。漠南草原即为今日的内蒙古高原。漠北政权出于对气候的周期性干旱的考虑,故多于秋后马肥弩劲之时南征,以避寒冬。秦汉时期,长城成为游牧地区与农业地区的天然分界线,但河套平原一带及桑干盆地、晋陕甘高原北部则为宜农宜牧的过渡区域。至此,游牧民族与中原农业民族之间不仅有戈壁沙漠的天险,还有万里长城的人工防御,想要在文化上进行交流已难乎其难。

青藏高原与蒙古高原之间的峡谷地带,即是今日的河西走廊,汉时由此出使西域而成丝绸之路,佛教文化也是经此地引入的。佛教文化对青藏高原上的藏族与蒙古高原上的蒙古族的影响由来,可见一斑。

胡人在汉时大败后,居住塞外近中原地区处,逐渐发展渗透,终于在西晋时,发生了匈奴、鲜卑、氐、羌、羯的"五胡之乱",促成了民族文化因人口的迁徙而形成的第一次文化大融合,唐朝时期发生的"安史之乱"促成了类似的第二次文化大融合。然而这两次的文化大融合,仅指中原之文化的南移,与少数民族的文化关系不大。宋朝后期,在成吉思汗率领下的蒙古族一举攻入中原地区,完成统一大业。将各族人分为蒙古人、邑目人、汉人、南人四种,在漠北之地依然留有退路,其传统民居的文化除官政大员宅第之外,受汉人文化影响不大,所以至今依然存在蒙古包的住居形式,数千年不变,成为宝贵的传统民居文化之一。

杭州湾以南的东南丘陵到岭南丘陵之间多为 1 000 米以下的山丘,年降雨量在 1 500 毫米以上,山水相间,湿热难当。汉时由不同于中原文化的越人割据,当时还有瓯越、闽越、南越等部族,他们所居之处在秦汉时被称为"蛮荒地区"。东汉时鄱阳盆地、两湖盆地及四川盆地之处始有开发。西晋的"五胡之乱",带来了大量人口南移,大批中原人士留居南方,使得长江流域以南的地方,成为汉人与南方少数民族共居的场所。

历史上中原地区第一次人口的迁移大概有三个主要流向:其一,所谓秦雍流入。自今陕西、甘肃及山西,沿汉水渡江而抵洞庭湖流域,或再溯湘水而转达两广;其二,所谓司豫流入。自今日河南、河北沿汝水渡江,分布于鄱阳湖流域,或转徙江苏、安徽,或更转江西、福建及广东;其三,所谓青徐流入。自山东、江苏、安徽、沿淮水渡江,分布于太湖流域,或远抵浙江、福建,是东晋南朝政治中枢的主要分子。第二次人口的迁移是于"安史之乱"后,多集中于首都临安及其接连的安全地带,即浙江、福建、江西、江苏、安徽等地。人口的流徙是民族融合的基础。江南一带文化发达,经济振兴,成为繁华之地,与此次人口的南迁有直接的关系,而如今广东、福建、浙江一带多有聚族而居的大型宅制,与此也有直接的关系。此外,闽南一带的客家土楼、五凤楼,浙江黄岩的五凤楼就是这一历史原因造成的。

南宋时期,大力兴修水利,使江浙成为当时全国最富庶地区,"上有天堂,下有苏杭"之说一时传为美谈。此后沿海一带大城市相继成为商业中心,如广州、泉州、明州(宁波)、苏州等,至今仍可找到巨商豪门的建筑遗存。至清末,东南部地区已成为国力的重心。

青藏高原是世界上面积最大的高原,平均高度达 4 000～5 000 m,气候寒冷,长冬无夏,有很大的天然隔绝作用。那里常年冰封雪冻,只有海拔较低的东北角与藏南纵谷地区适合人居。青藏高原的东北角及陇西高原南侧地区,秦汉时代为羌人所居,现今仅四川阿坝藏族羌族自治州内尚有部分建筑遗存。

公元 6～7 世纪,松赞干布统一青藏高原各部,创建强大的吐蕃王朝,藏族正式出现。虽"唐蕃"有亲谊关系,但由于两地距离极远,又有寒漠天险阻隔,文化的交流极少,因而在文化方面自成一体。清朝时吐蕃归附,为软化其武力,清廷蓄意提倡藏传佛教,疏远其与蒙古之间的关系。在对蒙古方面,设法疏离藏传佛教对蒙古人的影响,使两者之间的交流从此削弱。因而藏族文化始终自成一体,其传统民居也独具一格,与中原地区传统民居基本没有共同之处,且多受佛教影响,有游牧文化的遗留痕迹。

古代时西域指的是汉以后对玉门关、阳关以西地区的总称。这一地区西以塔尔巴哈台山脉与俄属中亚隔绝,东以阿尔泰山为界,与蒙古高原相望,南侧以帕米尔高原、昆仑山,阿尔金山与青藏高原隔绝。沙漠边缘积雪融化流向低海拔地区而成一系列绿洲,绿洲狭小,故生产力也弱。公元 5 世纪时,曾有游牧民族柔然进犯,而后公元 6 世纪时又有崛起于中亚草原的突厥东侵。后又有多年持续战乱,也多是游牧民族文化的多重内乱。公元 7 世纪中叶,伊斯兰教传入中国,在 15 世纪末 16 世纪初,形成了以维吾尔族文化为主的多元文化的组合。今天的新疆一带民居,除了传统毡房外多受伊斯兰文化影响,其平面布局主要是根据气候等自然条件而形成的多重院落组合体,规律性不强。因其民族好客的风俗,而多有专设客房,为一大特点。

华北平原(松花江、辽河流域)为 2 000 米以下丘陵地区,年降雨量中等,为 600 毫米左右,局部较大。该地区森林密布,寒冷多雪。宋时,秋褐后人女真人崛起大举南侵,建号金,直达秦岭淮水以北,日渐学习中原文化,汉化日深。元时蒙古人曾统一中国并在松辽平原、黑龙江下游设行政省府。后女真人在努尔哈赤带领下,建立满清政权,全盛时期的疆域之大,无以可比。当时的满族人因分布在全国各地,汉化严重,而彻底融入中华民族主体文化之中,与汉人少有区别。只有在东北旧地的满族传统民居尚有一些满族文化遗存,即以西屋为至尊的空间意识,称其为上屋;中间称堂屋,有时仅为夹道,或有或无,和汉族堂屋大为不同。又有朝鲜传统民居中更无堂屋之制,风格别具一格。这些传统民居可以说是受到本民族传统文化的影响。

我国西南有滇西纵谷、云贵高原、包括湖北西南的恩思高原(今鄂西土家族苗族自治州),两湖盆地西侧,岭南丘陵西侧,四川盆地南侧西侧,陇西高原南侧,这一大片区域在汉时即为许多少数民族盘踞,统称之为西南夷。这里地势险要、森林茂密、雨量充沛,致使通过不易,文化交流也难以实现。由于地形复杂多变,致使各民族的分布也十分混杂,因而其经济类型也有所不同。常年以来,由于难以适应瘴疠气候,中原政权多难以控制此处,至汉武帝首设郡县羁縻,也仅是形式而已。三国时为蜀、吴共有,对生活空间的开拓贡献最大,文化交流也最多。"五胡之乱"时,有秦雍流人迁徙来此。唐时维持汉之郡县形态,并未认真经营。唐末五代十国时期,天下纷纷割据,大唐文化在此遗留成一个历史断面。此时的传统民居中多有极大挑檐,颇具唐风,见图5.3。至明时,此地才有历史上最大的开发。

图5.3 大理喜洲董宅

明代设云南、贵州两地布政司(全国共十三个)后,要冲之处另有卫所镇扼,移军眷屯垦,其余各归大小土司治理。时日一久,江南过剩人口纷纷移入,有从征、商贾,而从事农垦的人居多,各地儒学也陆续设立,教育土著子弟。这些发展使得西南地区文化逐渐与中原文化相融合。清雍正年间,以"改土归流"为措施使流官代替了世袭土官,再次大大促进了西南各地的汉化。

今云南滇池、洱海一代,各民族之间的差异已逐渐减小。如白族的传统民居,多已成为汉族的合院形制。不过,由于历史原因,除部分少数民族经济文化较先进外,还有一些少数民族因文化落后,普遍贫困,经济困难,致使古代即产生的干栏式、井干式建筑一直沿用至今,而成宝贵的文化遗产。土掌房也属于因贫富的经济形态结合自然条件而产生的经济房屋。

值得一提的是,早期中原文化本就南北差异极大,自隋代始开凿大运河,贯通南北,才将南北文化合为一体。

史学家认为,文化的融合可以分成两个连续的层次,即"文化的同化"和"民族的融合"。合而可称人文环境。我国地理环境特殊,有许多人力难抗的阻隔地形,致使文化的融合程度因地理环境的变化而不同,要理清头绪成为一件相当不易的事情。

3. 民族文化地理环境与传统民居

民族文化的形成是一个漫长的过程,而文化的交流直至同化而融合,在这一过程中起了关键作用。民族文化产生的地理环境制约着文化交流的方式及范围,而不同的历史条件下,生产力发展的不同状况则是各民族文化之间的交流呈现不同特点的另一原因。

这里以藏族为例,对此做进一步探讨。位于青藏高原上的藏区的地理位置极其特殊,西北有新疆,东北有蒙古,东南则有彝族、白族、珞巴族等,可谓周边环绕,四面包围。在这种情况下,藏族却又能保持其独特的文化千古不变的主要原因是:外族入藏的很少,藏族外散的也不多。

藏族分布在约占全国总面积 1/4 的青藏高原上,但人口密度却极低,在藏北高原上有 20 万 km^2 的无人居住区,而东南部一带每平方千米的人口数也仅在 50 人以下。那里虽然海拔高,大部分地区气候寒冷,空气稀薄,但日照极好,因此拉萨也有"日光城"之称。

藏族来源于古代西羌中的一支"发(念'博')羌",所以藏族自称"博巴"。在漫长的历史进程中,融合了邻近的一些小部落民族,而形成今天分布于西藏及甘青川滇等地的藏族。

藏族分布区域内的经济类型中,既有畜牧业,又有农业,而各种经济类型的形成及分布则直接受地理环境的影响。在藏北高原一带,雪线以下有各种类型的草场,因而形成了以畜牧业为主的经济类型,而在藏南谷地、喜马拉雅山地及藏东高山峡谷地区,气候温湿,农业和畜牧业则随海拔高度不同呈立体分布状态。

藏族早期信仰本教,是一种崇拜万物有灵的原始崇拜,后在支弓赞普时期,吸收了道教的某些内容和形式,成为大盛时期,后又受到了佛教的影响。一般西藏的仁布、南木林及东部一带,包括四川阿坝州等,比较盛行本教,而藏族的其他大部分人都信仰藏传佛教。

公元6~7世纪,悉补野部落首领之子松赞干布统一青藏高原各部,建立了强大的吐蕃王朝,定都逻些(今拉萨),后遣使与唐朝通好,娶文成公主而使唐蕃成亲谊关系。从此,汉族文化对藏族传统民居,尤其是官宅或贵族宅院产生了很大影响。图5.4为一般贵族住宅的底层平面,可以看出,与中原传统民居文化的合院形制的渊源不同之处只是藏族盛行佛教,以佛堂为其房屋中心。

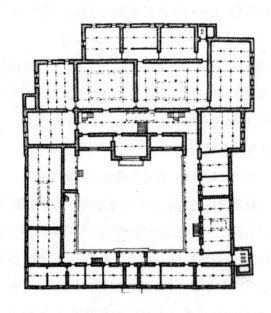

图5.4 藏族贵族住宅底层平面

早期的藏民以游牧为生,普遍住帐篷,即用牛毛捻线组成的长方形或椭圆形的帐篷。帐篷中支撑木杆,外面用牛毛绳拉开,用木桩或铁桩钉在四周地面上,帐内方室相连,布置和蒙古包相似。后来的城市住宅多以此为形,多重组合而成(图5.5)。民居多围以内院,原因有二:一是受汉族传统民居文化的影响;二是受当地气候条件的影响。凡藏族传统民居,底层大多有圈房,用来圈养牛羊,这也成为藏族传统民居的一大特点。

方室的组合一般灵活多变,内院也形式各异。由于高原南部横断山脉一带多为石山,因此房屋多为石块砌成,且大多为三层以上碉房。而甘肃南部的藏民自治区,如甘南、天祝等,因当地有山林木材,又有夹砂黄土,所以传统民居多为依山土房,但房屋的上下布局形制却无大变(图5.6)。由此可见,自然环境条件虽有不同,但民族文化环境相同的地区,传统民居文化的内涵不变,这主要是由经济类型、宗教文化两者共同决定的。另外,甘南藏居底层可

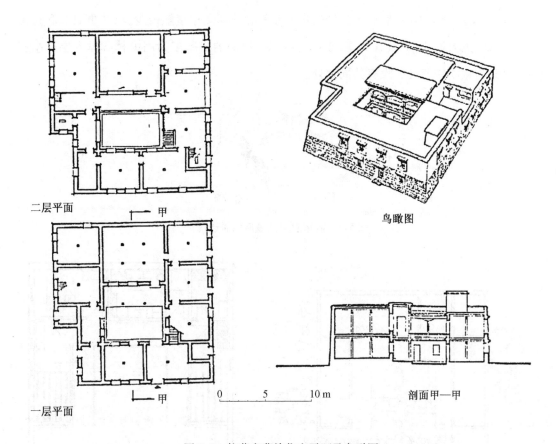

二层平面

鸟瞰图

一层平面

0　　　5　　　10 m

剖面甲—甲

图 5.5　拉萨市藏族住宅平面及鸟瞰图

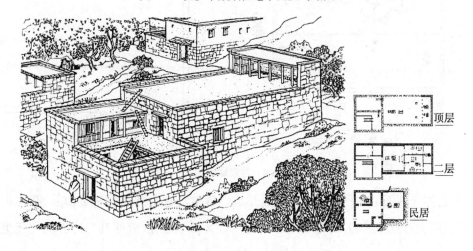

顶层

二层

民居

图 5.6　依山土房图

见堂屋的设置,但常偏置一旁,周围全是贮存库房或牛圈马厩,这也是因受汉族传统民居影响的结果,但终究没有汉族传统民居那样的实际地位的原因(图 5.7、5.8),藏民心中尊贵的依然是佛堂。藏南谷地一带,农业和畜牧业兼有。这里山谷纵横,多为石砌碉房(图 5.9),这是极简单而典型的碉房,内容不多,有佛堂设置。这一带多峡谷,山高林密、地势复杂,因此给文化的交流带来不便,如居于此处的珞巴族就和外部文化接触极少,以从事农业和狩猎为生,与藏族虽为近邻,却没有交往,成封闭状态。他们的房屋多为用山林圆桦木层层垒起的木楞房,与藏族传统民居没有共同之处。

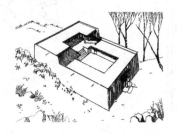

图5.7　甘肃夏河县藏族民居透视

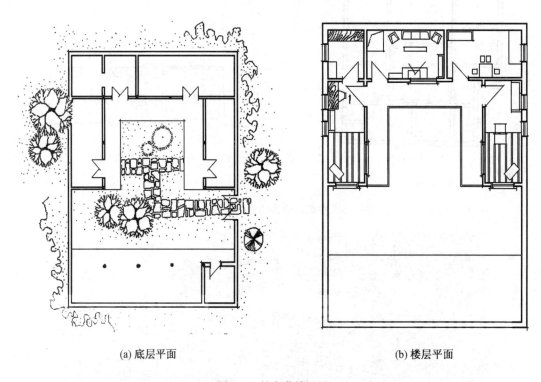

(a) 底层平面　　　　　　　　　　　　　　(b) 楼层平面

图5.8　甘肃藏族民居

同属自然条件隔阻的还有西北的维吾尔族。因被昆仑山脉与阿尔金山脉、祁连山脉相隔,使得交流本已极其困难,而青藏高原西北一带又无人居住,就使其与外界的交流更是难上加难。此外,两个民族一边是伊斯兰教,一边是藏传佛教;一边是绿洲农业,一边是游牧业。所以两族传统民居建筑毫无共同点。

东北的蒙古族与藏族同属游牧文化类型,蒙古人虽信仰多种宗教,但也以佛教为主,尤其是藏传佛教,故而两地传统民居发展都大致相同。早期游牧民定居后,蒙古人中有一部分不再住蒙古包,而是因地制宜,用生土制生砖垒房,但外形依然有蒙古包的痕迹(图5.9)。

两地虽有祁连山脉相隔,但在青海一处仍有藏蒙杂居情况,两个民族的文化互相影响,只可惜那里的传统民居情况不详。但从四川盆地西北边缘一处的传统民居形式可见一斑,此地藏人除住帐篷外,亦有少数不分冬夏住在蒙古包内(《四川新地志》)。

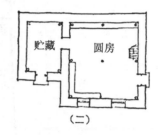

图 5.9 藏南谷地碉房

图 5.10 四川马尔康藏族住宅透视

青藏高原东部和四川境内的阿坝藏区的藏族居民,因与汉族杂居,受到其文化的影响,传统民居的形式有一定的变化。因为地处高山峡谷地带,人多地少,为争取土地面积,多建三四层的碉房,还采用向外悬挑的办法争取空间(图 5.10、5.11),且结合地形,还采用错层、跌落的手法。但总的来说,房屋布局上下为圈房,上为卧室、经堂的形制不变(图5.12)。

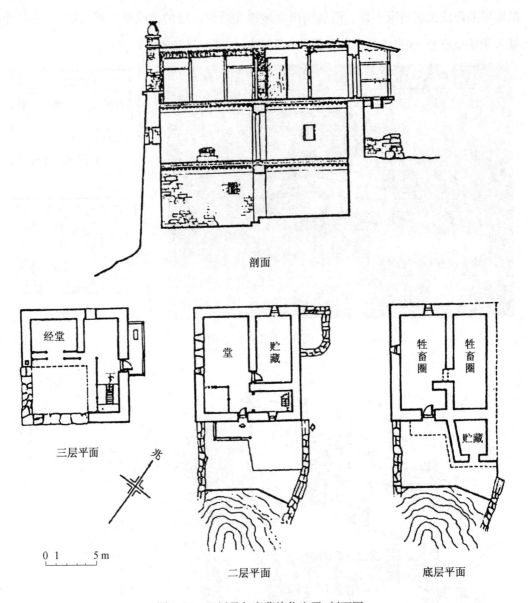

剖面

经堂

三层平面

堂　贮藏

二层平面

牲畜圈　牲畜圈

贮藏

底层平面

0 1　　　5m

图5.11　四川马尔康藏族住宅平、剖面图

在松岗、金川一带,同是藏汉杂居,但许多住宅却不设经堂,这在藏族传统民居中是少见的。经堂是藏民念经、拜佛之地,为整个住宅内最精工细作之处,至于官宅内规模大者,有如一座小型喇嘛庙。可是这一带房屋不但不设经堂,而且出现了汉族的方格窗等窗形,以及井干式墙面装修和合院的形制,虽然不怎么规整,但也如拉萨一带一样,为别处所不同。况且这里属乡村,所以可以肯定这是汉族文化的影响。

同样,由于藏、汉、羌族人的杂居,民族之间及民族内部因争耕地而发生械斗的情况时有发生,故而出现了碉楼的形制,此类建筑高度较高,更有甚者高达四五十米(图5.12、5.13)。

碉楼的起源很早,如《后汉书》所载:"冉駹夷者,武帝所开。元鼎六年(公元前111)以为汶山郡……皆依山居止,累石为室,高者至十余丈,为邛笼(按今彼土夷人呼为碉也)"。

羌族多居于高山和平台地上,因同样的原因,也以碉房为主,见图5.14,只是内无经堂,其他布局则差不多。图5.15是没有碉房的住宅,但同样和藏族传统民居有很多相似之处。藏、羌两族自古同源,现在又同处一个自然环境中,有如此多共同之处也是合情合理的。

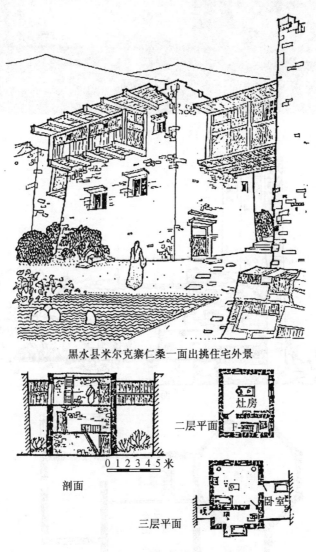

黑水县米尔克寨仁桑一面出挑住宅外景

剖面

二层平面　灶房　F

三层平面　卧室

图5.12　阿坝某藏族住宅

凉山彝族自治州位于青藏高原的东南部,地理环境与藏、羌两族相似,且彝族也同属于古老羌族的一支,故而其传统民居建筑形式与前两者也有共同之处。明曹学佺在《蜀中广记》中载:"有附国者在蜀郡西北二千余里,即汉之西南夷也,……其地南北八百里,东西千五

图 5.13　阿坝某藏族碉楼

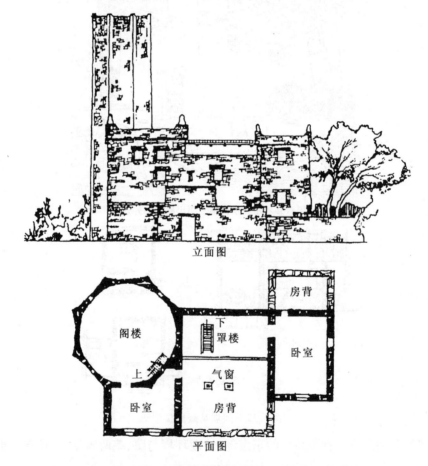

立面图

平面图

图 5.14　茂县思苦赛某羌族"邛笼"民居立面、平面

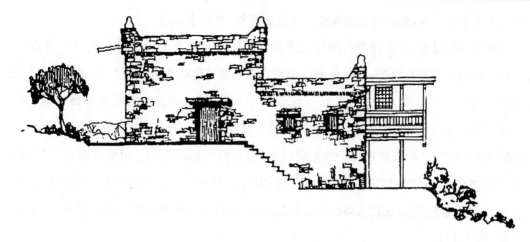

图 5.15　茂县龙坪寨某羌族民居立面

百里,无城栅,近川谷,傍山险。俗好复仇,故垒石为巢而居,以壁患。其巢高至十余丈,下至五六丈,每级以木隔之。其方三四步,状似浮图……开小门,从内上通,夜必关闭,有二万余家"。由此可见,彝族传统民居不仅是碉楼,而且通常都高达 30 多米,很是壮观。

　　上述所有只是将藏族文化与周围各民族文化在地理环境的影响及文化交流的程度等方面进行分析,而与各自传统民居文化的关系就其要处略述一二,只想说明一个问题:民族历史上的根本关键是自身的进步和文化的交流。正如前文所提,文化交流的最高程度即是民族的融合。正因如此,一个文化程度很高的民族一定是融合了许多其他民族文化的精华,这其中既有生产力和生产关系所表现出的物质与制度文化的交流,也有思想文化体系的交流,而传统民居文化则是这三大文化系统的结晶。换句话说,只有经济技术水平高、思想文化博大精深的民族,才可能创造出技术与艺术高度结合的、富有文化内涵的传统民居文化,而这一优势保持的关键在于该民族文化能否继续向前发展。

　　通观我国传统民居,虽有丽江民居的秀丽、藏族碉房的敦实、傣族竹楼的飘逸以及蒙古包的随和,然而从南到北,从南方的干栏、木楞到北方的蒙古包、窑穴,无一不是"因地制宜、因材致用"的产物,都是由各自经济类型和经济基础决定的。使用当地可取之材建成的经济实用的容身之所更能符合生产生活的需要,至于各族人民的习俗风情、审美情趣,则多表现在建筑局部的装饰、图案及色彩之上,于大处同影响不多。而汉族文化创造出的具有丰富文化内涵的合院建筑,无论从整体选址及布局,还是从一个小小的照壁之上,都体现了文化交流的重要性。

　　汉族文化历史悠久。相传,远古时期炎帝与黄帝大战于阪泉(今察哈尔怀来附近),以黄帝胜而一统,这是历史上第一次民族融合。以后历朝连连征战,各少数民族窥中原宝地而入犯,汉族由于经济强盛则向周边不断扩张。所谓分久必合,合久必分。经数千年的发展,其与众多民族融合一体,而成现在的汉族。汉族的族称,得名于汉朝。

汉族文化的思想,早在殷周时期就已萌芽。殷代是天神至上的时代,《尚书·盘庚》有载:"肆上帝将复我高祖之德,乱越我家",即现在上帝将恢复我高祖成汤大业,把我们的国家治理好。值得注意的是,这里已有"德"的提法。至周代,则已引进"德"说来解释王朝兴替、人事盛衰等社会现象,指殷统治者"惟不敬厥德,乃早坠厥命"(《尚书·召浩》),因而提出"敬德"思想,借"天"的权威来维护统治阶段的利益,同时麻痹人民。可见周时已有等级宗法及"德"之观念,后渐成儒家主张的"德论"的根据。因而早在孔子创儒家之前的西周时期就出现了四合院的形制,如陕西岐山凤雏村遗址,中轴线上依次有照壁、大门、前堂、后室,相当严整(图5.16)。

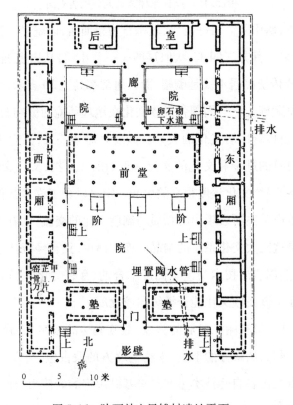

图 5.16 陕西歧山凤雏村遗址平面

由此可见汉族文化由来已久,承上启下而终于汇成集各代精华的大家之学。汉族传统民居以其丰富的文化内涵,自形成起便向南北传播广泛,只有我国西部因地形影响,而受到的影响很少,这也是自然环境因素的作用。

汉族传统民居中极特殊的一例要算闽南客家土楼,然追溯其历史渊源后则也不难理解。魏晋时期,汉末流亡的农民成为世家大族的部曲和佃户,促成了拥有雄厚经济实力和高深文化教养的门阀氏族阶级,他们和割据的军阀之间享有择主而事的相对自由,这就使得魏晋玄学得以产生。玄学理论追求的思想是庄子学说的发展,不是绝对服从仁义道德的儒家思想,而是追求个体人格的自由无束,即"任自然"之说。后南北朝时天下大乱,有大批豪门世族入闽,聚族而居,直至世间出现"天"之圆形的客家土楼,这与其追求自由和"任自然"的思想是有一定关系的。客家土楼虽摆脱了传统合院之制,从五凤楼转变而来,但其内部依然有一定的传统空间秩序,这是与玄学根本相矛盾之处。正如鲁迅先生指出的:"魏晋的破坏礼教者,实在是相信礼教到固执之极的"(《鲁迅全集》),点评的可谓一针见血。

总之,我们今天借鉴传统民居文化之时应注意,各民族地区传统民居丰富多彩的外部形式固然可取,然而要创造精深的文化建筑,则必须细究中华民族的文化内涵,研究其可古为今用之处或有远大发展前途的精华部分,斟酌取舍,才能创造出具有中国特色的民族建筑。

4. 宗教、哲学的地理分布与传统民居略谈

佛教传入中国的路线有两条:一条是陆路,经由中亚细亚传入新疆地区,即古之西域,再深入内地;另一条则是通过南海路线传入。两晋南北朝时佛教传播较广,一般北方以长安,南方以庐山为中心。大乘佛教向北传至汉地,藏传佛教是大乘密宗。唐代为全盛时期,佛教传播已极广,大致为南北方晋、陕、豫、甘、浙、川、鄂、苏、冀、赣、粤、鲁等地区。

道教产生于东汉中叶,多以名山为中心,除五岳之外,还有龙溪山、茅山、青城山、终南山、罗浮山、武当山等。

儒道两家思想相伴而生,相对而存。早期兴起之地是在黄淮平原中部、东部地区的鲁、宋、陈等地,这一带为北方平原地区,为古代重要的农业富庶之地。由此可见,历史文化传统与自然地理环境之间的关系密切。而南方在战国时尚仅有荆楚(今湖北)一地。

齐鲁之地为北方的文化中心地区,经历朝变换仍遗风不减,因受周礼浸润极深之故。从后世的鲁地传统民居可以看出,书房的位置极其重要(图5.17)。

春秋战国时期是我国历史上第一次大分裂时期,魏晋南北朝则是第二次大分裂时期。此后,学术中心渐由北向南转移。

形成于两汉之时的蜀地学术中心渐入盛期,浙江、安徽、江苏一带也渐盛,而北方多集中在山东、关中、河南等地。如有浙江金华(东阳)儒学之风盛行,经累世文化浸染,而成今日的东阳儒家民居。

四川地区以成都府路为中心,主要是三苏父子的文史之学。另有以潼川府路为中心的理学。因地域环境的原因,四川学风独树一帜。民居之中,读书之风气从住宅的平面图中可以看出(图5.18、5.19)。

安徽的经学、子学等以歙县、体宁等地方盛。歙县有黄日湖,绩溪有号称"绩溪之胡"的

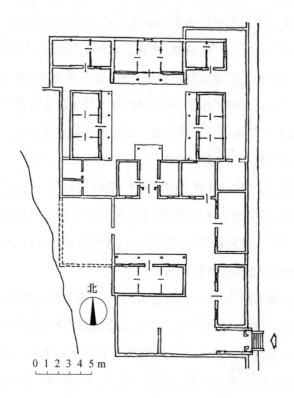

图 5.17　山东德州市傅宅平面

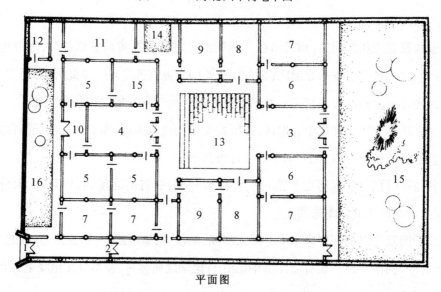

平面图

1. 大门	5. 正房	9. 居室	13. 庭院
2. 二门	6. 厅房	10. 神壁道	14. 天井
3. 过门	7. 耳房	11. 厨房	15. 前花园
4. 堂屋	8. 书房	12. 厕所	16. 后花园

图 5.18　四川某宅平面

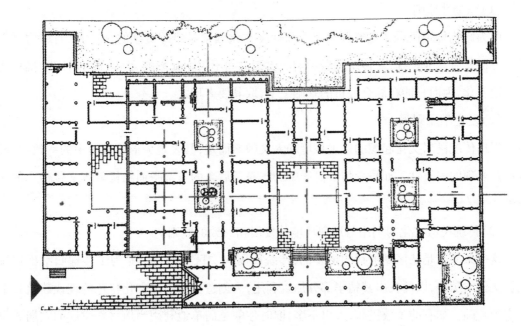

图 5.19 四川白花庵街某宅平面

胡匡衷,胡培翚、胡秉虔。又另有江苏苏州府治,长洲、元和、吴县等,举不胜举。总之,不管是大宗学派,还是诸如史学、汉学、文学等诸种学派,所发生之地多有众多文人雅士,诸学精英会聚一处,而其中大部分有盛名之人都有经济实力,因而可建成形制严整的而又有儒雅之风的合院住宅。此类住宅与富贾的豪宅有很多区别之处,可说是最具中国传统文化的民居,值得加以研究。

第三节 传统民居人文区划草案

一、原则和方法

传统民居的人文区划是个极大的概念。本书在对文化的结构要素深入分析的基础上,收集了大量的有关资料进行研究比较,其中有传统民居的资料,也有许多文化、历史、地理方面的精华。但是这样产生的区划草案,并不是十分严谨的。因为就民居而言,全国尚有许多地方的传统民居无调研资料,笔者只能根据有关的文字描述,加上一定的自然环境因素推理而成。总之,以文化的结构要素做的传统民居的人文区划,只是社会文化环境大前提下的一个方面,是一个粗略的思考。

传统民居人文区划的原则,参考有关自然地理区划的总原则,可总结出如下三条。

（1）综合性原则。

因为影响传统民居文化的自然因素和社会文化因素是错综复杂的,而文化的结构要素分类方面就有三大系统,对传统民居影响的要素之间不仅相互影响,而且随着时间的推移还不断地变化,因而只能在综合分析的基础之上,取其要者用之。

（2）发生学原则。

根据传统民居文化起源的地理环境和人文因素而定,其表现为形成过程中的一致性,或性质及表现的一致性。如藏族传统民居中的帐篷及后来的方室平面结构就有文化传承的一致性。

（3）传统民居文化的利用与地理环境的发展相一致的原则。

这一条原则是从区划的目的出发的,传统民居人文区划的目的是为了整理归纳出传统民居文化的脉络,以便找出其精华部分加以利用,为创造出有中国文化特色的现代建筑打下一定的基础。如有的少数民族,人口不多,旧时住的是简单地利用当地材料建成的穴居或巢居之类的住屋,中华人民共和国成立后均盖成了砖瓦房,他们的民居虽也有各自民族的特点,但就没有在区划上强调的必要了。

二、传统民居的文化结构要素区划

（1）经济类型的划分。

主要受畜牧经济类型影响的地区的传统民居多为毡房、蒙古包等简单易建、流动性强的民居形式,这里面不仅有蒙、藏二族,还有维吾尔族、哈萨克族、柯尔克孜族、塔吉克族等,都采用简易灵活的传统民居形式,如哈萨克族传统住房形式毡房,用的是羊毛擀成的毡、毛线编织的草帘、红柳木撑杆及栅栏等。图中主要受渔猎经济类型影响的传统民居集中在东北地区,该地区中有鄂伦春族、鄂温克族及赫哲族,古时因经济文化落后,居住文化也相对落后,多为穴居或巢居的进一步发展。受农耕的经济类型影响的地区较多,因定居及经济发达等原因,房屋住居日渐成熟。

（2）经济重心（豪宅大院分布）。

北方经济重心在黄河中下游地区,南方经济重心在长江中下游地区,这两区将历朝各代的名都大城尽收其内,如北之长安、洛阳、邯郸等;南之苏州、杭州等。这里的经济重心指农业经济。

（3）商业区。

商业区除蜀中成都一带,均以河流（大运河、黄河、长江）及沿海地区为主,因通行方便之故。而"前店后宅""前坊后宅"及出租用民宅,富商大宅多在这一带。

（4）母系氏族区。

主要是云南宁蒗及四川木里、盐源一带,围绕泸沽湖而成的纳西族的一支。另外藏南门巴族,云南哈尼族的生活习俗之中还有母系氏族社会文化的遗存,但对住居影响不大。此类地区地形独特,山高林密,地势险峻,因而与外界的文化交流多有不便,进入文明社会的时间也较晚。另一个主要原因是民族风俗习性相对保守,如中国台湾阿美族及卑南人仍处于母系氏族向现代社会的转化阶段。

（5）中国主要人口分布图。

经济发达的区域,多是人口集中且密度较高的地区,这些地区的传统民居数量既多,且质量也高。而另一方面带来的问题则是地少人多、房屋拥挤。这些房屋或紧紧相连,或向高处发展,如重庆吊脚楼,就是利用悬挑来创造空间的案例。

（6）宗法等级及宗法制度区。

人类社会从父系氏族开始即有等级关系的存在,而发展到一定的阶段的社会或民族就逐渐形成宗法制度。以汉族为主体的中原地区政府自秦时形成宗法制度,经过历朝历代而向四周传播,影响甚广。有等级关系的地区,虽然不一定有特殊的建筑形式规定,但土司或村寨头人的住所往往在较高的地势或中心的位置。

（7）家族聚居区。

家族聚集而居的民族遗风。

（8）宗教影响范围。

佛教影响之广遍及南北,而道教则渗透在中国文化的群体之中,部分已成为民俗文化;另外,北部的蒙古族、满族及鄂温克、鄂伦春族中还信仰萨满教,是一种原始崇拜演化而来的教派。伊斯兰教自西面传入,如维吾尔族曾信仰萨满教、佛教等,后改为伊斯兰教。

（9）哲学思想。

早期儒家思想的起源之地主要是春秋时的齐、鲁、卫三国,以齐鲁两国为主;早期道家思想的起源之地主要是淮水以北的陈楚之地。

（10）民族文化交融区（与汉族文化交融）。

东北地区汉满文化融为一体,而致满族毫无退路;蒙古人因长城的阻碍,因而交融带较薄;西南地区经历代开发,仍是"大分散、小聚居"的多民族杂居形式,乃因自然天险;河西走廊远通西域,为文化交流要道,民族文化也颇具特色。

三、传统文化的综合分析

传统文化的综合分析见表 5.1。

表 5.1　传统文化的综合分析

分项 区域	经济 类型	人口 密度	宗教 制度	宗教	哲学 思想	地理 条件	气候	总　　结
1	农耕沿海有商业	极高	全面而完善	佛教、道教	儒、道等思想的起源区	长江、黄河、大运河的主要流域	中温带和亚热带温润半湿润区	古代农业文明发源地;哲学思想发源地;农、商业发达
2	农耕沿海有商业	高	完善	佛教、道教	儒道等思想	江南丘岭	亚热带湿润区	多有聚族而居的遗风
3	农耕	不高	不强	多为原始崇拜	影响小	云贵高原	亚热带湿润区	多民族杂居状态,民居多姿多彩
4	游牧及农耕	很低	强	藏传佛教	无影响	青藏高原	高原、高山带半湿润区	以藏族为主体,民居形态多为毡房和碉房
5	绿洲农耕	很低	弱	伊斯兰教	无影响	西疆沙漠	温带和中温带干旱区	以维吾尔族为主体,民居布局以适应气候为主

续表5.1

分项 区域	经济 类型	人口 密度	宗教 制度	宗教	哲学 思想	地理 条件	气候	总　　结
6	农耕	较低	弱	伊斯 兰教	有影 响	河西 走廊 为主	中温 带 干旱 及半 湿润 区	地处青藏高原和内蒙古高 原夹缝,受多方文化影响, 传统民居多为平房,有院
7	游牧	很低	弱	以佛 教为 主	无影 响	近长 城的 蒙古 高原	中温 带 干旱 区	以蒙古族为主;传统民居多 为蒙古包及其形式
8	农 耕 为主	局部 较高	较强	以佛 教为 主	影响 较小	东北 森林 为主	中温 及寒 温带 湿润 区	以满汉两族为主,汉化严 重,传统民居兼有两者特点

参考文献

［1］德伯里.人文地理——文化、社会与空间［M］.北京:北京师范大学出版社,1988.

［2］周尚意,孔翔,朱竑.文化地理学［M］.北京:高等教育出版社,2004.

［3］汪之力.中国传统民居建筑［M］.济南:山东科学技术出版社,1994.

［4］王其钧.宗法、禁忌、习俗对民居型制的影响［J］.建筑学报,1996(10):10.

［5］梁思成.中国建筑史［M］.天津:百花文艺出版社,1998.

［6］孙大章.中国民居研究［M］.北京:中国建筑工业出版社,2004.

［7］陆元鼎,杨谷生.中国民居建筑［M］.广州:华南理工大学出版社,2003.

［8］建筑科学研究院建筑历史研究所.浙江民居［M］.北京:中国建筑工业出版社,1984.

［9］云南省设计院"云南民居编写组".云南民居［M］.北京:中国建筑工业出版社,1986.

［10］高钞明,王乃香,陈瑜.福建民居［M］.北京:中国建筑工业出版社,1987.

［11］陆元鼎,魏彦钧.广东民居［M］.北京:中国建筑工业出版社,1990.

［12］徐民苏,詹永伟.苏州民居［M］.北京:中国建筑工业出版社,1991.

［13］严大椿.新疆民居［M］.北京:中国建筑工业出版社,1995.

［14］张壁田,刘振亚.陕西民居［M］.北京:中国建筑工业出版社,1993.

［15］侯继尧,任致远.窑洞民居［M］.北京:中国建筑工业出版社,1989.

［16］刘敦桢.中国古代建筑史［M］.北京:中国建筑工业出版社,1980.

［17］中国科学院自然科学史研究所.中国古代建筑技术史［M］.北京:科学出版社,1985.

［18］李长杰.桂北民间建筑［M］.北京:中国建筑工业出版社,1990.

［19］陆翔,王其明.北京四合院［M］.北京:中国建筑工业出版社,1996.

［20］阮仪三.中国江南水乡［M］.上海:同济大学出版社,1995.

［21］杨大禹.云南少数民族住屋——形式与文化研究［M］.天津:天津大学出版社,1997.

［22］杨慎初.湖南传统建筑［M］.长沙:湖南教育出版社,1993.

［23］陈伟.穴居文化［M］.上海:文汇出版社,1990.

［24］侯继尧,王军.中国窑洞［M］.郑州:河南科学技术出版社,1999.

［25］樊炎冰.中国徽派建筑［M］.北京:中国建筑工业出版社,2002.

［26］黄汉民.福建传统民居［M］.厦门:鹭江出版社,1994.

［27］李乾朗.台湾传统建筑匠艺［M］.台北:台湾燕楼古建筑出版社,1994.

［28］拉普普.住屋形式与文化［M］.张玫玫,译.台北:境与象出版社,1979.

［29］杨鸿勋.建筑考古学论文集［M］.北京:文物出版社,1987.

［30］夏鼐.中国文明的起源［M］.北京:文物出版社,1985.

［31］邵俊仪.重庆"吊脚楼"民居［J］.建筑师,1981(9):143-149.

［32］任致远.下沉式黄土窑洞民居院落雏议［J］.建筑师,1983(15):75-82.

［33］陆元鼎.中国民居研究五十年［J］.建筑学报,2007(11):66-69.

［34］胡世庆,张品兴.中国文化史(上、下)［M］.北京:中国广播电视出版社,1991.

［35］李宗桂.中国文化概论［M］.广州:中山大学出版社,1998.

［36］张驭寰.吉林民居［M］.北京:中国建筑工业出版社,1985.

［37］中国建筑史编写组.中国建筑史［M］.北京:中国建筑工业出版社,1982.

［38］刘致平.中国居住建筑简史［M］.北京:中国建筑工业出版社,2000.

［39］刘敦祯.中国住宅概说［M］.北京:中国建筑工业出版社,1981.